互联网面面观

柴俊武　主编

科　学　出　版　社
北　京

内 容 简 介

互联网在全球范围内掀起了一场影响人类的深刻变革，推动着人类不断创造新的世界。互联网对社会的影响是全方位的，这决定了我们看待互联网的视角也应该是多元的。本书尝试从多学科视角来梳理互联网的性质、特征、功能和效应等，为人们更好地理解所处的互联网时代提供基础素材。

本书可作为在校本科生、硕士研究生了解互联网和“互联网+”的参考书；同时，也可作为社会上对互联网及“互联网+”感兴趣人士的科普读物。

图书在版编目（CIP）数据

互联网面面观/柴俊武主编. —北京：科学出版社，2023.3

ISBN 978-7-03-071705-4

Ⅰ. ①互…　Ⅱ. ①柴…　Ⅲ. ①互联网络-教材　Ⅳ. ①TP393.4

中国版本图书馆 CIP 数据核字（2022）第 034209 号

责任编辑：方小丽 / 责任校对：王晓茜

责任印制：赵　博 / 封面设计：蓝正设计

科学出版社出版

北京东黄城根北街 16 号

邮政编码：100717

http://www.sciencep.com

保定市中画美凯印刷有限公司印刷

科学出版社发行　各地新华书店经销

*

2023 年 3 月第　一　版　开本：787 × 1092　1/16

2025 年 2 月第四次印刷　印张：11 1/4

字数：273 000

定价：48.00 元

（如有印装质量问题，我社负责调换）

前　　言

党的二十大报告指出：“我们要坚持教育优先发展、科技自立自强、人才引领驱动，加快建设教育强国、科技强国、人才强国，坚持为党育人、为国育才，全面提高人才自主培养质量，着力造就拔尖创新人才，聚天下英才而用之。”教材是教学内容的主要载体，是教学的重要依据、培养人才的重要保障。在教材的编写道路上，我们一直在努力。

互联网的诞生和发展不仅是技术革命，而且给人类经济、文化、社会、政治等各个方面各个层次带来了深刻变革，它甚至撼动了整个文明发展的基石。互联网推动的变革是时代性的，那么，互联网是如何诞生的？它又有着怎样的技术发展史？互联网的商业化浪潮是如何形成的？它如何引发生产要素、生产方式和生产关系的重构从而创造全新的产业生态和商业模式？互联网对社会结构、组织形态的影响是怎样的？它对个体、群体和社会带来了什么样的深刻变化？互联网呈现出了怎样的两面性？互联网时代出现的网络犯罪、网络安全等问题该如何治理和应对？

本书期望平衡乐观主义和悲观主义的观点、见解和主张，从技术观、商学、社会学、政治学的视角来梳理和总结互联网的性质、特征、功能和效应等，以期为人们理解和研究互联网及其效应提供基础素材和创新思路。我们清楚地知道，人类未知的远远大于已知。这就要求我们站在一个新的时代前沿，要以更开放的心态、更多元化的视角，更客观和深入地理解什么是互联网，什么是互联网社会和什么是互联网时代。本书既可作为高等院校互联网应用相关专业的学生的补充教材和课外读物，也可作为所有关心互联网和“互联网+”实践的人士的参考书。

电子科技大学经济与管理学院的陈倩倩、李恒宇、黄麒麟、钱志峰、陈欢等参与了本书的编撰，全书由柴俊武统稿。本书在编撰过程中参考了大量的公开发表的文献资料、知名机构的研究报告和互联网行业专业人士的实践资料和精辟见解，同时也借鉴了大量的网络资料，在此对这些资源的拥有者表示深深的谢意！

本书编者
2023年11月

前言

目　录

第一篇　互联网技术的演进过程及典型应用

第二篇　基于互联网的商业实践

第三篇 互联网的社会化属性

第四篇　互联网问题举隅

第一篇　互联网技术的演进过程及典型应用

从人类历史的发展角度来看，互联网的诞生推进了人类社会的飞速发展，使得社会真正实现了从点到网的连接，并使得“地球是平的”“零距离交流”等梦想得以实现。互联网的发展不仅是技术革命，更是思维方式的革命。它深刻触动了现代人的生活方式和精神内涵，甚至撼动了整个文明发展的基石：学习、工作、生活、娱乐等人类生活所涉及的方方面面早已离不开互联网。那么互联网究竟是如何诞生的呢？它又有着怎样的技术发展史呢？本篇将为大家揭开互联网技术发展的神秘面纱。

第1章　互联网诞生的背景

凯文·凯利（Kevin Kelly）认为技术的发展和生物的进化存在着一种密切的联系，并具有一种不可避免的序列性。生物的进化受到自我选择、遗传因素和周围世界三大进化力量的驱动，以人类为例，我们个人的发展既取决于自我的自由意识和创造力，也取决于我们对先人知识的继承，还取决于整个生存的社会大环境。凯文·凯利从生物进化的角度指出互联网的出现具有一定的必然性，且同样受到三大进化力量的驱动。因此，本节将从自我选择、遗传因素——技术背景、周围世界——他国的影响三个方面详述互联网的诞生背景。

1.1　自我选择

1.1.1　非零和竞争的必然性

万年前，人类历史上发生了农业革命，主要推动因素是土地资源；260多年前，人类社会发生了工业革命，主要推动因素是能源资源；而50多年前人类社会又掀起了互联网革命，主要推动因素则是信息资源。

无论土地、能源还是信息，都是人类社会发展到一定阶段时进行的自我选择。纽约大学宗教历史系教授詹姆斯·卡斯（James P. Carse）将世界上的所有事物归结为两种类型——有限游戏和无限游戏，有限游戏的目的在于赢得胜利，而无限游戏的目的则在于让游戏得以永远进行下去；有限游戏是零和游戏，无限游戏则是非零和游戏。历史上对土地和能源的争夺战争频频发生，这些物质性的游戏往往是零和游戏，需要胜负，参与者往往对立。然而实现共同富裕的理想社会是人类文明进化的最终目标，因此发展非零和游戏成为必然。源于无限游戏往往不受时间、空间等的硬性约束，将更多的价值由物质世界转移到虚拟世界，这也成为人类发展的必然选择，信息资源由此诞生。

1.1.2　生物进化的必然性

凯文·凯利在其代表作《失控》（*Out of Control*）一书中指出，技术发展的历史和生物进化的历史具有一定的相似性和有序性。从进化论的角度来看，生物的发展都是自下而上，从单细胞生物逐步发展为多细胞生物，它没有预设的目的，生物的最终形态受到环境等多种因素的影响，可以说任何一个条件或者顺序发生改变，生物的进化方向可能就不是今天这个状态。技术的发展也是同样的道理，不论是从最初的语言、文字、印刷术、大众媒体再到今天的互联网的革新，还是单看每一种传播媒介的革新，都呈现出了自下而上、去中心化等特点，这一特点在互联网发展中表现得尤为明显。

1.1.3 人类的社会性

德国哲学家厄恩斯特·卡西尔（Ernst Cassirer）曾提出“人是符号的动物”，而凯文·凯利则在此基础上进一步指出“信息是万物的根本”。从人类进化的角度来看，人类历史上第一个重要的里程碑就是“语言”的诞生。语言的出现让我们可以彼此交谈、融通思想，因为有了语言我们才能进一步发展经济、构建社会；第二个重要的里程碑是“文字”的出现，即把语言转化成了可以书写的符号，从而使得记忆和知识得到了传承；第三个里程碑是印刷术的诞生，它使知识得以大范围地传播和扩散；第四个里程碑是“大众媒体”，它使信息的传播速度得到质的提升；第五个里程碑即是今天的“互联网”。随着人类的进化，人类的社会化趋势日益明显，更多的信息被生产出来，同时，各类信息的交流速度也越来越快。人类的社会化和信息的传播形成相得益彰的关系，两者一同创造了一个不断扩大的信息源头和社会性人类；最终当信息的需求和人类的社会性膨胀达到某一节点时，互联网就此诞生。

1.2 遗传因素——技术背景

1.2.1 第一台电子计算机 ENIAC 的诞生

研制计算机的想法产生于第二次世界大战期间。为了取得战争的胜利，新型的大炮与导弹的研制和开发迫在眉睫，为此美国陆军军械部在马里兰州的阿伯丁设立了“弹道研究实验室”。美国军方要求该实验室每天为陆军炮弹部队提供 6 张导弹射程表，以便其对导弹的研制进行技术鉴定。然而这 6 张射程表所需的工作量却大得惊人！每张射程表都要计算几百条弹道，而每条弹道的数学模型都是一组非常复杂的非线性方程组。这些方程组是没有办法求出准确解的，因此只能用数值方法进行估算。

实验室专门雇用了 200 多名计算员，日夜不停地进行人工辅助性计算，但仍需要两个多月的时间才能完成一张射程表。这显然无法满足军方对武器开发速度的要求。

为了完成庞大的计算任务，1943 年美国军方成立了电子计算机研制小组，并将研制的机器命名为“电子数值积分计算机”（electronic numerical integrator and computer），缩写为“ENIAC”。1946 年 ENIAC 研发成功，但存在两个问题：一是没有存储器，二是它用布线接板进行控制，有时需要耗费几天时间来完成搭接任务，再加上计算耗时过长，使得工作效率提升效果也被抵消了。

但值得高兴的是，参加美国第一颗原子弹研制工作的数学家约翰·冯·诺依曼（John von Neumann），在计算机研制过程中期加入了研制小组。1945年，冯·诺依曼和研制小组在共同讨论的基础上，发表了一个全新的“存储程序通用电子计算机方案”——EDVAC（electronic discrete variable automatic computer，电子离散变量自动计算机），这对后来计算机的设计产生了决定性的影响。

你知道吗？

ENIAC

世界上第一台电子计算机诞生的时间和情人节是同一天哦，1946年2月14日，第一台电子计算机埃尼阿克（ENIAC）在美国宾夕法尼亚大学诞生。

ENIAC，也就是第一台电子计算机，与如今能够轻松装进书包或者手提袋的笔记本电脑相比，简直是一个庞然大物。ENIAC长30.48米，宽6米，高2.4米，占地面积约170平方米，拥有30个操作台，重达30英吨[①]，耗电量约150千瓦。如此一个庞然大物造价必然不菲，总计大约花费了48万美元。它包含了17 468根真空管、7200根水晶二极管、1500个中转、70 000个电阻器、10 000个电容器、1500个继电器、6000多个开关，每秒执行5000次加法或400次乘法，是继电器计算机的1000倍、手工计算的20万倍。

据传，ENIAC每开机一次，巨大电量的消耗会影响到整个费城西区，整个费城西区都会为之“黯然失色”。另外，真空管也有极高的消耗率，几乎每15分钟就可能烧掉一支真空管，而找到那根烧坏的管子至少要花费操作人员15分钟的时间。巨大的电子计算机的使用极不方便，曾有人调侃道：“只要那部机器可以连续运转五天，且没有一只真空管烧掉，发明人就要额手称庆了。”

1.2.2　分时系统

早期的计算机效率非常低，同一时间不能同时处理多项任务，用户需要排队等候，计算机必须按照顺序逐项进行处理。这一问题引起了致力于人机交互的利克莱德（Licklider）的关注，后来他启动了“分时”研究计划，目的是提高计算机的工作效率。

根据杨光友等（2002）介绍，分时（time sharing）操作系统的工作方式是：一台主机连接若干个终端，每个终端都有对应的用户进行使用。用户交互式地向系统提出命令请求，系统接收每个用户的命令，采用时间片轮转方式处理服务请求，并通过交互方式在终端上向用户显示结果。用户根据上步结果发出下道命令。CPU的时间被分时操作系统划分成若干个片段，这些片段被称为时间片。操作系统以时间片为单位，轮流为每个终端用户服务。每个用户轮流使用一个时间片而每个用户并未感到有其他用户存在。

① 1英吨≈1016千克。

被誉为互联网之父之一的鲍勃·泰勒（Bob Taylor）指出，正是有了分时系统，才使得人机交互的发展得以实现，而正是有了交互式计算机，才使得网络的构建成为可能。

你知道吗？

分时系统

时间片：是把计算机的系统资源（尤其是CPU时间）进行时间上的分割，每个时间段称为一个时间片，每个用户依次轮流使用时间片。

分时技术：把处理机的运行时间分为很短的时间片，按时间片轮流把处理机分给各联机作业使用。

分时操作系统：是一种联机的多用户交互式的操作系统。一般采用时间片轮转的方式使一台计算机为多个终端服务，能够对每个用户的命令请求做出快速响应，并提供交互会话能力。

设计目标：对用户的请求及时响应，并在可能条件下尽量提高系统资源的利用率。

1.2.3 人机交互

计算机诞生之初，就像人类的婴儿，人类需要依据计算机预先的设定进行使用，单方面地以计算机为导向，人与机器的交互体验非常差。利克莱德很早就注意到了这个问题，并指出提升人机交互体验，实现人机共生关系的良性发展是今后计算机发展的重要方向。

1960年，利克莱德发表《人机共生关系》（Man-computer symbiosis）一文，并提出了“人类设定目标，提出假设，规定标准，履行评估；计算机则为技术和科学思考中的洞见和决策做好铺平道路的程序性工作”的共生关系假设，这为后续鲍勃·泰勒提出“将计算机连接”的想法奠定了基石。

1968年，利克莱德和鲍勃·泰勒合著了论文——《计算机作为一种通信工具》（The computer as a communication device），这篇文章再次强调几年之后，人类和计算机可以实现更加有效的沟通。同时，他们预测未来：“在下一个即将到来的技术时代中，我们能够用大量活跃的信息进行交互——计算机不再是信息的被动接收者，而是信息的产生者。”

1.2.4 分组交换网络

陈登超和吕建新在其论文中指出，分组交换也称为包交换（packet switching），用户通信的数据被划分成多个更小的等长数据段，在每个数据段的前面加上必要的控制信息作为数据段的首部，每个带有首部的数据段就构成了一个分组。首部指明了该分组发送的地址，当交换机收到分组之后，将根据首部中的地址信息分组转发到目的地，这个过程就是分组交换。能够进行分组交换的通信网被称为分组交换网。

1964年，杰出数学家伦纳德·克兰罗克（Leonard Kleinrock）出版了《通信网络：

随机的信息流动与延迟》(*Communication Nets: Stochastic Message Flow and Delay*)，对数学领域的排队理论进行了深入的研究。伦纳德 · 克兰罗克关于排队理论的数学研究成果为分组交换这一互联网基础技术提供了坚实的理论基础。

你知道吗?

伦纳德 · 克兰罗克

著名的网络先驱人物伦纳德 · 克兰罗克，曾就职于美国加利福尼亚大学洛杉矶分校（University of California, Los Angeles，UCLA），是一名计算机系教授。他毕业于麻省理工学院，并获电子工程博士学位。克兰罗克出版过 6 部著作，并发表了 200 多篇关于网络通信的论文。事实上，克兰罗克很早以前就提出了分组交换的理论。早在 1961 年他的论文《大型通信网络的信息流》（Information flow in large communication nets）中就涉及了分组交换的概念。紧接着，在 1964 年，他出版的第一部著作《通信网络：随机的信息流动与延迟》同样提到了分组交换。这些事实都证明，克兰罗克比兰德公司科学家保罗 · 巴兰（Paul Baran）和英国学者唐纳德 · 戴维斯（Donald Davies）等更早地提出了分组交换理论。克兰罗克曾在麻省理工学院林肯实验室工作，与阿帕网（ARPANet）项目技术负责人拉里 · 罗伯茨（Larry Roberts）惺惺相惜，成为一生挚友。后来，罗伯茨把阿帕网第一节点选择在 UCLA，与克兰罗克博士在那里主持研究不无关系。

1.2.5　去中心化

鲍勃 · 泰勒受到利克莱德的影响，认为在启用阿帕网时，不应该进行中央控制。而拉里 · 罗伯茨，这位被鲍勃 · 泰勒从麻省理工学院林肯实验室“硬拉”过来的计算机天才，却站在了他的对立面，认为应该在美国中部设立一台中央电脑，以实现对阿帕网的控制。

是否应该去中心化成为困扰鲍勃 · 泰勒的难题。后来鲍勃 · 泰勒的朋友建议“可以在每个主机旁放置一个小型的计算机，这台小计算机再和另一台同样有主机的小计算机通信，这样就没有了主机对主机的通信，一切由小计算机进行”。这个建议让鲍勃 · 泰勒确定了去中心化的实施方法，也为阿帕网的扩展设计了雏形。伦纳德 · 克兰罗克同样是去中心化思想的支持者，他很早就指出了网状结构的共享和分布式控制。

你知道吗?

拉里 · 罗伯茨与鲍勃 · 泰勒

拉里 · 罗伯茨被称为互联网之父，之所以被人们赋予如此荣誉的称号，是拉里 · 罗伯茨在美国国防部高级研究计划局（Advanced Research Projects Agency, ARPA，阿帕）负责开发一个网络程序，将他所在研究机构内的电脑相互连通，这个程序就是被视为互联网前身的“阿帕网”。

据方兴东观察介绍，这位互联网的前身“阿帕网”的发明人是在“威逼利诱”之下加入研发计划的，这是怎么一回事呢？原来，拉里·罗伯茨智商超高但不擅长与人交往，喜欢潜心搞研究，用现在的话说是一个名副其实的“技术宅男”。据说他只需要花十分钟就能读完一本精装书，并能总结出书中的要点。1966年，鲍勃·泰勒邀他加入ARPA时，29岁的罗伯茨认为到了华盛顿，大量烦琐复杂的行政事务会影响到科研工作，所以尽管泰勒多次邀请也未能说服他。然而泰勒经过百般考察再也找不出一个比罗伯茨更合适的人选来担此重任。一年后，泰勒终于抓住一个要害，他发现罗伯茨所在的林肯实验室大部分资金由ARPA提供，他便借此努力说服。后来，在现实的“威胁”和国家利益的感召下，罗伯茨终于同意加入。2年后，“阿帕网”诞生。罗伯茨和鲍勃·泰勒也因此成为一生挚友。

1.3 周围世界——他国的影响

1957年10月4日，人类历史上第一颗人造地球卫星“斯普特尼克一号”（Sputnik-1）在苏联发射，这项令世人称赞的成就震动了美国。1958年2月，美国国防部高级研究计划局成立，这是由时任美国总统的艾森豪威尔向国会提出的计划。此计划表示政府得为有前途的新式、高风险研究提供资金支持，这个计划简称“阿帕”。根据央视数据，新生的“阿帕”获得了国会批准的520万美元筹备金及两亿美元的项目总预算[①]。

根据科普中国网《互联网的诞生》一文的介绍，1966年春，阿帕信息技术处理办公室的第三任主任鲍勃·泰勒在阿帕局长赫兹菲尔德的办公室里，提出了建构一个小型实验网络的计划。短短二十分钟的交谈，局长被泰勒的计划打动并表现出极大的认可，泰勒的计划也随即获得了 100 万美元的启动资金。计划通过后，泰勒动用身边资源寻找顶级计算机人才，这次行动招募到了计算机天才拉里·罗伯茨、提出“分布式通信理论”的保罗·巴兰（Paul Baran）、起草 TCP/IP 协议的罗伯特·卡恩（Robert Kahn）和温顿·瑟夫（Vinton Cerf）以及分组交换理论的专家伦纳德·克兰罗克等一系列专业人士。这组计算机科学家精英被授权进行自由研究，而这恰恰是追求自由的他们喜欢的科研工作氛围。

1968 年，美国国防部高级研究计划局组建了一个计算机网，名为 ARPAnet（英文 Advanced Research Projects Agency Network 的缩写，又称“阿帕网”）。1969 年，有 4 个节点的阿帕网第一期投入使用，这 4 个节点分别是加利福尼亚大学洛杉矶分校、加利福尼亚大学圣巴巴拉分校、斯坦福大学以及位于盐湖城的犹他大学。位于各个节点的大型计算机采用分组交换技术，通过专门的通信交换机和专门的通信线路相互连接。一年后阿帕网扩大到 15 个节点。1973 年，阿帕网跨越大西洋利用卫星技术与英国、挪威实现连接，扩展到了世界范围，互联网由此产生。

① 数据来源于中央电视台拍摄的纪录片《互联网时代》。

你知道吗?

特殊背景下的阿帕网

在美国，20 世纪 60 年代是一个很特殊的时代。程慧在其《移动互联网的秘密》一书中介绍到，从某种意义上，互联网可以说是美苏冷战的产物。60 年代初，随着古巴发生核导弹危机，美国和苏联之间关系进一步恶化，冷战状态随之升温，核毁灭的威胁成了人们日常生活的话题。在美国对古巴封锁的同时，越南战争爆发，许多第三世界国家发生政治危机。由于美国联邦经费的刺激和公众恐惧心理的影响，“实验室冷战”也开始了。在复杂的政治形势中，人们观念达成一致并认为，如果在科学技术上具有优势，那将十分有利于战争的胜利。也就是说，科学技术的先进程度将决定战争的胜负，而科学技术的进步依赖于电脑领域的发展。到 60 年代末，每一个主要的联邦基金研究中心，包括纯商业性组织、大学，都配置了由美国新兴电脑工业提供的拥有当时最新技术装备的电脑设备，电脑中心互联以共享数据的思想得到了迅速发展。

美国国防部认为，集中的军事指挥中心具有一定危险性。因为，如果唯一的军事指挥中心被苏联的核武器摧毁，全国互联的军事指挥将处于瘫痪状态，其后果将不堪设想。因此，有必要设计一个分散的指挥系统——它由一个个分散的指挥点组成，当部分指挥点被摧毁后，其他点仍能正常工作，而这些分散的点又能通过某种形式的通信网取得联系。1968 年，美国国防部高级研究计划局开始建立一个命名为 ARPAnet 的网络，把美国的几个军事及研究机构用电脑主机连接起来。当初，ARPAnet 只连接 4 台主机，从军事要求上是置于美国国防部高级机密的保护之下，从技术上它还不具备向外推广的条件。

第2章　互联网的诞生

2.1　分组交换网络的远程通信

阿帕网是互联网的前身。阿帕网的第一节点加利福尼亚大学洛杉矶分校，与第二节点斯坦福大学的连通，实现了分组交换网络的远程通信，标志着互联网的诞生。

1969年8月30日，由BBN公司制造的第一台“接口信息处理机”[①]IMP1，在预定日期前2天运抵美国加利福尼亚大学洛杉矶分校。克兰罗克带着40多名工程技术人员和研究生进行安装和调试。同年9月3日，美国加利福尼亚大学洛杉矶分校伦纳德·克兰罗克教授实验室内，两部电脑成功地由一条5米长的电缆接驳并互通数据，为后续阿帕网分组交换网络的远程通信提供了硬件基础。10月初，第二台“接口信息处理机”IMP2运到阿帕网实验的第二节点斯坦福大学。

经过数百人一年多时间的紧张研究，阿帕网远程联网实验终于正式实施。1969年10月29日22点30分，在美国加利福尼亚大学洛杉矶分校，伦纳德·克兰罗克教授主持的实验第一次完成了分组交换网络的远程通信（美国加利福尼亚大学洛杉矶分校的“接口信息处理机”IMP1和位于斯坦福大学的IMP2）。虽然当时在传输了两个字母L和O之后，系统就崩溃了，但对人类而言，这一突破标志着一个全新时代的到来。

不久后，在1969年11月，第三台“接口信息处理机”IMP3运抵阿帕网第三节点——加利福尼亚大学圣巴巴拉分校；1969年12月，最后一台供实验的“接口信息处理机”IMP4在阿帕网第四节点——犹他大学安装成功，基本实现了罗伯茨规划的设计蓝图。于是，具有4个节点的阿帕网正式启用，人类社会从此跨进了网络时代。

你知道吗？

分组交换网络的远程通信

1969年10月29日晚，伦纳德·克兰罗克和两个同事比尔·杜瓦尔（Bill Duvall）、查理·克兰（Charley Kline）在加利福尼亚大学洛杉矶分校的一个实验室中全神贯注地工作着。他们试图登录另一台计算机，为了防止网络失效，他们在实验过程中居然还打着电话。

据克兰回忆，为了确认分组交换技术的传输效果，伦纳德·克兰罗克教授让其传输“LOGIN”（登录）这五个字母。根据之前的计划，克兰只需要键入“LOG”这三

① Interface message processor。

个字母并传送出去，然后斯坦福大学的机器将自动产生“IN”，两部分合成为“LOGIN”。22 点 30 分，克兰心情既激动又忐忑，万分期待地在键盘上敲入第一个字母“L”，然后对着麦克风喊：“你收到‘L’了吗？”

“是的，我收到了‘L’。”耳机里传来斯坦福大学操作员的回答。

“你收到 O 了吗？”

“是的，我收到了‘O’，请再传下一个。”

克兰此刻再没有迟疑，继续键入第三个字母“G”。然而，IMP 仪表显示，传输系统突然崩溃，通信无法继续进行下去。世界上第一次互联网络的通信实验，仅仅传送了两个字母“L”和“O”！伦纳德·克兰罗克还幽默地解释道，这就是“Lo and behold（瞧瞧啊）”中的“Lo”。瞧瞧啊，一个全新的时代即将到来！

2.2 TCP/IP 协议的发明

互联网起步之时，语言并不统一。由于更多的电脑接入网络，这个网络变得越加庞大杂乱。在这种环境下，想要精准地定位目标计算机显得越发不易。并且，由于缺乏纠错功能，传输的数据不允许出错，一旦数据出错，很有可能网络就会停止运行。如果出错电脑增多，网络运行效率便会大幅降低。计算机的兼容性很差，不要说联网，就连一台计算机上运行的程序都很难在另一台计算机上运行。所以，若无法实现计算机语言的统一，互联网就永远不能得到真正的推广和普及。

为了解决这个问题，很多科学家对此进行了深入的探索。最终，互联网框架被温顿·瑟夫和罗伯特·卡恩联合发明出来，他们提出了 TCP/IP 协议，即“传输控制协议/互联网互联协议”（transmission control protocol/internet protocol），为互联网语言的统一做出了关键性的贡献。

你知道吗？

移动电话、移动数据传输和互联网的平行发展过程

1973 年，利用卫星技术，阿帕网成功跨越大西洋，和英国、挪威实现连接，这意味着世界范围的登录开始了。就在同一年，温顿·瑟夫和罗伯特·卡恩发明了互联网架构，马丁·库珀（Martin Cooper）发明了手机；十年后，1983 年温顿·瑟夫和他的小伙伴真正意义上开启了互联网，而马丁·库珀也推动了第一个移动电话系统的商业应用。

温顿·瑟夫和罗伯特·卡恩给每一台电脑都分配了一个唯一确定的地址，就像住宅的门牌号一样，这就是 IP；而 TCP 则是负责传输过程，一旦出现问题，就发出信号要求重新传输，直到所有数据都正确安全地传输到指定地址。

1974 年，二人发表题为《关于包网络相互通信的协议》（A protocol for packet network intercommunication）的论文，描述了传输控制协议（TCP），还介绍了网关（gateway）

的概念。此后，他们并没有就此停止探索，而是继续深入研究，让 TCP 变成可供人们开发多种软件的标准规范。1977 年 7 月，在南加利福尼亚大学的信息科学研究所里，瑟夫和卡恩等十余人进行了一次具有历史意义的实验。当时全美国有三个电脑互联网，他们分别是居于第一的阿帕网、无线电信包网和卫星信包网。瑟夫他们的实验就是要通过电脑把三者连起来。一个有数据的信息包首先从旧金山海湾地区通过点对点的卫星网络跨过太平洋到达挪威，又经海底电缆到达伦敦，然后通过卫星信包网，连接阿帕网，传回南加利福尼亚大学。这个信息包的总行程达到 9.4 万英里[①]，这次实验没有丢失一个比特的数据信息，这意味着实验取得了圆满成功。1978 年初，瑟夫在信息科学研究所主持召开 TCP 会议。会议期间，他和波斯德尔·科恩（Posdel Korn）及另一个同事向小组提交建议：将 TCP 中用于处理信息路径选择的那部分功能分离出来，形成单独的互联网互联协议，简称 IP。1978 年，TCP 正式变为 TCP/IP。

TCP/IP 协议让计算机拥有了一种共同语言，从而使得不同的计算机可以无障碍交流。直至今日，TCP/IP 仍然是全球互联网得以稳定运作的保证，它不仅把地球连成了一个家，其延伸的"深空网"（Deep Space Network）协议把空间站和火星探测车与地球连接在了一起，实现了真正意义上的星际网。

2.3 以太网

2.3.1 以太网的起源——ALOHA 系统

20 世纪 60 年代末，为了把夏威夷大学位于瓦胡岛（Oahu）上的校园内的 IBM360 主机与分布在其他岛上和海洋船舶上的读卡机和终端连接起来，一个名为 ALOHA 的地面无线电广播系统被该校的诺曼·艾布拉姆森（Norman Abramson）及其同事研制出来。该系统的初始速度为 4800 bps，最后升级到 9600 bps。该系统的独特之处在于用"入境"（inbound）和"出境"（outbound）无线电信道作两路数据传输。出境无线电信道（从主机到远方的岛屿）相当简单明了，只要把终点地址放在传输的文电标题，然后由相应的接收站译码。入境无线电信道（从岛内或船舶发到主机）比较复杂，但很有意思，它是采用一种随机化的重传方法：副站（岛屿上的站）在操作员敲击回车键之后发出它的文电或信息包，然后该站等待主站发回确认文电；如果在一定的时限（200 纳秒到 1500 纳秒）内，在出境信道上未返回确认文电，则远方站（副站）会认为两个站在同时传输，因而发生了碰撞冲突，使传输数据受到破坏。此刻两个站都将再次选择一个随机时间，尝试重发它们的信息包，这时成功的把握就非常大。这种类别的网络称为争用型网络，因为不同的站都在争用相同的信道。这种争用型网络有两种含义：一是这一模式允许多个节点用简单而灵巧的方法，准确地在同一个信道上进

① 1 英里≈1.6093 公里。

行传输；二是使用该信道的站越多，发生碰撞的概率越高，从而导致传输延迟的增加和信息流通量的减少。

诺曼·艾布拉姆森发表了一系列有关 ALOHA 系统的理论和应用方面的文章，其中 1970 年的一篇文章详细阐述了计算 ALOHA 系统的理论容量的数学模型。

2.3.2　首个以太网的诞生

20 世纪 70 年代，鲍勃·泰勒来到施乐帕克研究中心（Xerox Palo Alto Research Center，Xerox PARC）的计算机科学实验室工作。他提出了非常具有前瞻性视野的要求：让每张办公桌上都有电脑。

20 世纪 60 年代末，世界上第一台激光打印机诞生了，它的名字是 EARS；1973 年，世界上第一台带图形用户界面的 PC 也出现在人们的视野中，这台 PC 叫作 ALTO。这两台机器都是施乐帕克研究中心发明的。当时罗伯特·梅特卡夫（Robert Metcalfe）已被施乐公司（Xerox）聘用，担任施乐帕克研究中心的网络专家。他的第一件工作就是把 Xerox ALTO 计算机连到阿帕网。1972 年秋，梅特卡夫前往华盛顿特区，此行是为了访问阿帕网项目的管理者。访问期间，他不经意间发现了艾布拉姆森早期关于 ALOHA 的研究成果。在阅读艾布拉姆森 1970 年发表的那篇关于 ALOHA 模型的论文时，梅特卡夫意识到，虽然艾布拉姆森已经提出了某些有疑问的假设，但通过优化可以把 ALOHA 系统的效率提高到近 100%。最后，梅特卡夫因为他的基于信息包的传输理论而获得哈佛大学理学博士学位。

1972 年年底，梅特卡夫和戴维·博格斯（David Boggs）设计了一套将不同的 ALTO 计算机连接起来，接着又把 Nova 计算机连接到 EARS 激光打印机的网络。在研制过程中，梅特卡夫把它命名为 ALTO ALOHA 网络，因为该网络是以 ALOHA 系统为基础，而又连接了众多的 ALTO 计算机。世界上第一个个人计算机局域网络（local area network，LAN）——ALTO ALOHA 网络在 1973 年 5 月 22 日首次开始运转。这天，梅特卡夫写了一段备忘录，声称他已将该网络改名为以太网（ethernet），其灵感来自“电磁辐射是可以通过发光的以太网来传播”这一想法。

根据孟开元在其《以太网的历史、现状及未来发展技术》一文中的介绍，以太网定义了局域网中使用的电缆类型、采用的信号处理方式，它最终在施乐公司真正地建立起来，之后成为一种技术规范。1976 年 6 月，梅特卡夫和博格斯发表了题为《以太网：局域网的分布型信息包交换》（Ethernet：distributed packet switching for local computer networks）的论文。1977 年年底，梅特卡夫和他的三位合作者获得了“具有冲突检测的多点数据通信系统”的专利，多点传输系统被称为 CSMA/CD（carrier sense multiple access/collision detection，载波监听多路存取和冲突检测）。从此，以太网正式诞生了。

你知道吗？

以　太　网

最初的实验型 Xerox PARC 以太网运行速度为 2.94 Mbps，第一个以太网的接口定时器采用 ALTO 系统时钟是其首要原因，采用 ALTO 系统时钟意味着每 340 纳秒就发送一次脉冲，导致传送率为 2.94 Mbps。当然，比起初始的 ALOHA 网络，以太网已经有了明显的改进，因为以太网是以载波监听为特色的，即每个站在传输自己的数据流之前先要探听网络的动静。因此，一个改进的重传方案可使网络的利用率提高到近 100%。

到 1976 年时，Xerox PARC 的实验型以太网已经发展到 100 个节点，已在长 1000 米的粗同轴电缆上运行。当时，施乐公司急于将以太网转化为产品，因此将以太网改名为 Xerox Wire。但在 1979 年，美国数字设备公司（Digital Equipment Corporation，DEC）、英特尔和施乐共同将此网络标准化时，该网络又恢复了"以太网"这个名字。

2.3.3 以太网标准化

1979 年初，梅特卡夫在离开两年后又重新回到施乐帕克研究中心，那时他接到 DEC 的戈登·贝尔（Gordon Bell）打来的电话。电话中，贝尔首次提出 DEC 和施乐共同建造以太网局域网的设想。梅特卡夫认为和不同厂商一起发展以太网是一个非常不错的主意，但施乐公司出于保护专利的想法，限制了与 DEC 的合作。因此，梅特卡夫建议 DEC 直接与施乐公司主管商讨将以太网转变成产业标准的计划，最后施乐公司迈出了这尤为关键的一步。

梅特卡夫在访问位于华盛顿特区的美国国家标准局（National Bureau of Standards，NBS）时，遇见了一位正在那里工作的英特尔公司的工程师，此人正在为他的先进的 25 MHz VLSI① NMOS②集成电路加工技术寻找新的应用，梅特卡夫想到强强联合必然带来明显的优势：施乐提供技术，DEC 有雄厚的技术力量，而且是以太网硬件的强有力供应商，英特尔提供以太网芯片构件。不久，梅特卡夫离开施乐公司成为企业家和职业经纪人。1979 年 7 月，DEC、英特尔和施乐公司筹备召开三方会议，1979 年底正式举行首次三方会议。1980 年 9 月 30 日，DEC、英特尔和施乐公司公布了《以太网，一种局域网：数据链路层和物理层规范，1.0 版》第三稿，这就是现在著名的以太网蓝皮书，也称为 DIX（取三家公司名字的第一个字母而组成的）版以太网 1.0 规范。如前所述，最初的实验型以太网工作速率是 2.94 Mbps，而 DIX 开始规定是在 20 Mbps 的速率下运行，最后降为 10 Mbps。在以后两年里 DIX 重新定义该标准，并以 1982 年公布的以太网 2.0 版规范作为终结。

在 DIX 开展以太网标准化工作的同时，世界性专业组织美国电气和电子工程师协会（Institute of Electrical and Electronics Engineers，IEEE）组成一个定义与促进工业局域网标准的委员会，以办公室环境为主要目标，该委员会名叫 802 工程。DIX 集团虽已推出以太网规范，但并未得到国际公认，所以在 1981 年 6 月，IEEE 802 工程决定组成 802.3 分委员会，以制定基于 DIX 工作成果的国际公认标准。一年半以后，即 1982 年 12 月 19 日，19 个公司宣布了新的 IEEE 802.3 草稿标准。1983 年以太网正式被美国电气和电子工程师协会采纳为 802.3 标准。

---

① very large scale integrated circuit，超大规模集成电路。

② N-metal-oxide-semiconductor，N 型金属–氧化物–半导体。

第 3 章　Web1.0 时代

3.1　万维网的诞生

如果说梅特卡夫发明的以太网像“网络水管工”，对互联网底层通信协议进行了扎实的建构，使得电脑联网成为可能，那么蒂姆・伯纳斯・李（Tim Berners-Lee）创建的万维网，则开启了互联网的新纪元，使得互联网的商业价值得到充分开发，同时实现了普及和推广互联网的设想。

3.1.1　万维网的起源

万维网的灵感最初来源于超媒体技术。在 20 世纪七八十年代，超媒体技术的发展速度远远低于互联网的发展，仅取得了有限的成就，其中最具代表性的就是 1987 年苹果公司比尔・阿特金森（Bill Atkinson）设计的超媒体应用程序超卡（HyperCard）系统。超卡系统让用户可以通过创建信息卡片（类似于万维网的 HTML 页面）来组织信息，每张卡片包含信息和交互功能，卡片之间通过各种关系可以相互建立关联，也就是超文本链接。一组相关的卡片可以包含在一个“堆”中，每个堆相当于一个数据库，用户的超卡界面就是不同堆的组合。超卡的使用非常灵活，方便了用户对公司产品的查询和对比。尽管超卡系统已经相对完美了，但其有限的子封闭系统也决定了它具有一定的局限性。缺少互联网这个载体，使得超卡系统的应用迟迟不能普及。

1980 年，蒂姆・伯纳斯・李在欧洲核子研究中心（European Organization for Nuclear Research，CERN）做软件开发工作。此时，计算机的互联已经通过互联网得以实现，但从一台计算机上获取另一台计算机的信息仍然比较麻烦——人们习惯于将信息先储存在一个共享服务器上，然后再从服务器上获取所需的信息。20 世纪 80 年代末的互联网已经具备了超媒体技术载体的基本功能，蒂姆・伯纳斯・李想到了用超媒体来连接不同服务器上的文件，从而实现直接从自己的计算机去别人的计算机上获取信息的想法。当时在欧洲核子研究中心做软件工程师的罗伯特・卡里奥（Robert Cailliau）被蒂姆・伯纳斯·李的想法所吸引，两人一拍即合，开始了编写万维网的原型“万事通”（Enquire Within Upon Everything）系统，帮助工作人员构建所使用的各种软件之间的关联。

互联网的发展和欧洲核子研究中心在互联网节点中的特殊地位都给了蒂姆・伯纳斯・李一个千载难逢的好机会，让他可以认真地观察和思考如何将超文本和互联网紧密结合。经过近 5 年的构思，1989 年 3 月 12 日，作为欧洲核子研究中心软件顾问的蒂姆·伯纳斯·李提交了一份名为《关于信息化管理的建议》(*Information Management: A Proposal*) 的报告，这份报告后来被称为“万维网蓝图”。该报告定义和概述了万维网的核心概念，报告中描述的“超文本项目”即为“万维网”，而“超文本文档”中的“网络”，可理解为“浏览器”。蒂姆·伯纳斯·李在这份报告中描述了万维网的运行机制和具体的实施方案，并强调这种分布式信息组织形式不会受到计算机平台的影响，也不会受到集中式管理的限制，同时可以长久保留并且方便更新。报告中，蒂姆·伯纳斯·李还提出了在该系统平台提供其他信息系统网络协议的接口，以作为新系统的冷启动策略。这份报告的发表，意味着用户通过万维网平台接口来直接浏览和使用其他传输协议的信息成为可能，这也意味着网络的信息资源将会得到更加充分的利用。

3.1.2 万维网站的诞生

1989 年，蒂姆·伯纳斯·李将自己的发明公布于世后不久，便和罗伯特·卡里奥一起着手寻找能够实现他们想法的软件。万维网的主要组成部分是服务器和浏览器，起初他们设法去寻找现有的、可作为产品的服务器和浏览器。当时他们发现来自英国的南安普敦大学和美国罗得岛州的一个生产电子图书的公司均有可以作为万维网浏览器的产品，然而两个公司对万维网这个想法均表示怀疑。蒂姆·伯纳斯·李和罗伯特·卡里奥并没有说服那些对万维网表示怀疑的人，最终不得不自己动手编写服务器和浏览器的代码。

1990 年 11 月中旬，蒂姆·伯纳斯·李在 NeXT 工作站上制作了第一个万维网浏览器 World Wide Web (WWW) 和第一个网络服务器。1991 年 8 月 6 日，他在 alt.hypertext 新闻组上推出了万维网项目简介的文章，这是互联网上万维网公共服务的首次亮相。至此，世界上第一个万维网站诞生。然而，由于网站内容还不够丰富，万维网并没能马上流行起来。因此，增加网站内容成为万维网获得持续发展的最重要任务。后来，蒂姆·伯纳斯·李根据自己在那份“万维网蓝图”报告中提出的方式，将当时已经大量存在的网络新闻组的讨论内容通过文件传输协议 (file transfer protocol，FTP) 转化为超文本文件格式，为浏览器提供了丰富的内容。

你知道吗?

精神上的首富——蒂姆·伯纳斯·李

1991 年，WWW 首次在互联网上和大家见面。它的面世引起了人们热情的讨论，轰动一时。但是令很多人不理解的是，蒂姆并没有为“WWW”申请专利，使之成为个人专用或是获取财富的手段，而是无偿向全世界开放。曾有人统计，如果蒂姆当年对万维网申请了专利，他将成为这个星球最有钱的人，个人资产将达到 27.5 万亿美元。无数人通过蒂姆创造的平台获取利益，而蒂姆本人却还在为无钱修厨房而苦恼。

当时，有不少人借机圆了富翁梦，网络公司也开始蓬勃发展。但蒂姆依然坚持着清贫的科研工作，他选择了在麻省理工学院计算机科学实验室的万维网联合会担任主任，后来又相继制定了互联网的各种技术规范。他拒绝了送到他面前的每一次暴富机会。只要听到有人说他应该从互联网上发财，他就恼怒地说："如果成功和幸福的标准只以钱财来衡量，那就有问题了。"他认为，"名声无法让人过像样的生活"。细细想来，蒂姆的话很有道理，你有了名声，你就会想尽办法去维护，在一定程度上就会影响到你想要和喜欢做的事情。

2004 年 4 月，芬兰技术奖基金会宣布蒂姆为全球最大的技术类奖项——"千年技术奖"（Millennium Technology Prize）的首位获得者，并颁发给他 100 万欧元的奖金。蒂姆获得这一奖项被认为是实至名归，他风趣地说："100 万欧元的奖金我得妥善分配。我家住郊区，子女上学不方便，另外，妻子总在抱怨，说我们该修修厨房了"。

"This is for everyone！"以蒂姆为代表的老一代计算机科学家，似乎完全没有考虑过要用互联网去为自己谋利，他们创造了一个世界，然后送给所有人。虽然放弃了专利，让蒂姆错过了成为世界首富的机会，但他成了世界上精神最富有的人。

3.2 浏览器的诞生

万维网的普及少不了两个因素，一是丰富的内容，这是普及的前提；二是更加便于应用的浏览器，这是推动普及的工具和载体。蒂姆·伯纳斯·李编写的浏览器只有为数不多的 NeXT 用户才能使用，而当时的互联网用户大多使用的是 UNIX 工作站、IBM 个人计算机及其兼容机和苹果计算机。因此，科学家们又开始了新的互联网征程。

1993 年，美国伊利诺伊州伊利诺伊大学的国家超级计算应用中心（National Center for Supercomputing Applications，NCSA），发布了第一个可以显示图片的浏览器，并命名为"Mosaic"。Mosaic 在当时大受欢迎，它的出现为后来互联网热潮的到来奠定了坚实的基础。

伊利诺伊大学是最早通过国家超级计算应用中心项目接入阿帕网的美国州立大学之一。该大学的国家超级计算应用中心从 20 世纪 60 年代开始就通过阿帕网为用户提供超级计算服务。在 IBM 个人计算机问世两年后，国家超级计算应用中心第一个把提供超级计算服务的用户界面延伸到了个人计算机上，提供了苹果和 DOS 版的 Telnet 远程登录软件。普通用户可以通过该软件在自己的个人计算机上轻松地远程登录到中心的超级计算机上，使用各种计算服务，这成为后来流行的客户/服务器模式。在用户获得软件的方式上，国家超级计算应用中心采取了免费的 FTP 下载方式，并随时将 Telnet 的最新版本上传到 FTP 服务器。这样互联网用户只要通过 FTP 连接到国家超级计算应用中心的服务器上就可以下载该软件。这一传播方式的创新后来成为传统，对 Mosaic 浏览器的迅速普及起到了至关重要的渠道搭建作用。

1994 年，Mosaic 的开发者之一马克·安德烈森（Marc Andreessen）和美国硅图公司[①]（Silicon Graphic，SGI）的创始人詹姆斯·克拉克（James Clark）共同创立了Mosaic通信公司（Mosaic Communication Corporation）。同年10月13日，Mosaic通信公司发布了万维网上的第一个商业浏览器Mosaic Navigator。同年11月，为了避免与NCSA的法律纠葛，公司更名为Netscape Communication Corporation，即网景通信公司（简称网景公司），浏览器也随即更名为Netscape Navigator（网景导航者）。Netscape Navigator发展飞速，短时间内就统治了浏览器市场。1995年8月，网景公司在华尔街上市。网景公司的上市标志着世界迎来了互联网商业时代的到来。网景浏览器，是第一款进入市场、面向所有人的商业浏览器。对于1994年到世纪之交的互联网用户，“网景导航者”曾带给他们会心的微笑。不过，在接下来的浏览器战争中，这个互联网历史上的巨人最终还是败给了微软的IE浏览器。微软在1995年8月推出了IE 1.0，随后发布的版本捆绑在Windows 95上。

你知道吗？

采用图形使用接口的浏览器

据腾讯科技介绍，和人们认知不同的是，Mosaic浏览器并不是第一个使用图形用户接口的浏览器，最早采用图形使用接口的浏览器是World Wide Web、ViolaWWW和少有人知道的Erwise。

1992年，卡里奥去芬兰出差，当时他建议来自芬兰科技大学的几个硕士研究生可以通过联合万维网技术开发一个适用的浏览器来完成他们的硕士毕业设计。经过一番努力，当年4月份，这几个硕士生就将Erwise浏览器开发了出来，这是一个基于UNIX的X视窗系统的万维网浏览器。卡里奥鼓励这几个学生继续为其他平台开发类似的浏览器，然而当时芬兰陷入了经济大萧条，这些学生毕业后选择了其他道路而放弃继续开发此项目。

1992年5月，就读于加利福尼亚大学伯克利分校的华裔大学生魏培源开发出了基于HyperCard的ViolaWWW浏览器（X视窗系统）。HyperCard当时是为苹果计算机开发的，而ViolaWWW浏览器类似于后来的Java系统，只有在操作系统上预装了Viola软件后，浏览器才能够被使用。

Erwise和ViolaWWW浏览器有一个比较明显的缺陷就是它们只能够在UNIX系统中使用。

3.3 互联网黄页的诞生

俗话说，要进入一个国家，首先要进入它的国门；要阅读一本图书，首先要查看它的目录。同样的道理，要进入互联网的世界，也必须经过它的网络门户。20世纪90年

① 美国硅图公司是一家生产高性能计算机系统的跨国公司，其产品和技术在图形和高性能计算领域有着不可替代的地位。

代随着万维网的普及，新网页层出不穷，其内容五花八门。很多个体、组织以及企业都在创建网页、创建内容，网上冲浪已见雏形。然而这些逐步扩大的信息量带来了一个新的问题：如何在海量的网页中找到自己需要的信息呢？

就读于斯坦福大学电子工程学院的杨致远（Jerry Yang）和戴维·菲洛（David Filo）在上网的过程中发现了这个问题，并想到了像创建电话黄页一样创建网络目录去解决这个问题，他们最终创建了著名的雅虎（Yahoo!）公司。

1994 年 4 月，在斯坦福大学就读的杨致远和菲洛为了完成令人头疼的论文，开始在网上进行资料的搜寻。在这个过程中，他们将自己收集的感兴趣的站点加入书签以便查找。随着收集站点的增多，他们发现对这些书签的管理也变得杂乱，于是他们想到把这些书签按类别整理好，最终编制成软件并放到网上与他人共享，同时也鼓励大家一起参与到网页分类收集中，当时这个软件就是“Jerry's Guide to the World Wide Web”(《Jerry 的万维网指南》，简称《指南》)。

《指南》在网友中火了起来，很多网友纷纷进入斯坦福大学电机系的工作站使用这套软件。不断增长的访问人数影响了学校电脑的正常运作，给校方带来了巨大的困扰。杨致远被学校勒令将《指南》迁出去。但是杨致远与菲洛并未放弃，他们开始做网站，还推出特色栏目“Cool Links”和“Hard to Believe”，并将网站改名为：Jerry and David's Guide to the World Wide Web。受当时条件的限制，网站的数据存放在杨致远的电脑内，绰号为“akebono”；而搜索引擎则存放在菲洛的计算机中，绰号为“konishiki”，这是以他们最喜欢的摔跤运动员的名字命名的。

1994 年夏天的一个晚上，在杂乱无序的工作室中，杨致远与菲洛正式为他们的网站取了一个很特殊的名字：Yahoo！他们取了 Unix 程序 YACC（Yet Another Compiler Compiler）中的 Yet 和 another 两个单词，这是他们在字典里查找的名字。最后他们觉得 Yahoo（Yet Another Hierarchical Officious Oracle 的缩写，Yahoo 这个词也有“怪兽”的意思）比较适合。于是神奇的 Yahoo！网站诞生了，当时是半夜 2 点。

雅虎公司的成立，为两位年轻人带来了更多的热情和更坚定的信念。公司开办之初，杨致远向网景公司的马克·安德烈森租用相关设备，其中包括电话线、四台 Silicon Graphics 工作站、四台 Pentium 计算机和一条 T3 专线。杨致远的“Yahoo!”将索引软件无偿提供给用户使用，公司的前期盈利则主要依靠广告收入，每日“Yahoo!”为软件增加两百多条新目录。由于“Yahoo!”检索系统十分方便，前景被普遍看好，广告收入也相当可观。因此，Yahoo！一上市就一鸣惊人，风头无限。1996 年 4 月 12 日，雅虎股票的首个正式交易日，最初定价 13 美元的股票最终以 33 美元收盘，一下子给雅虎公司带来将近 8.48 亿美元的市值，创造了纳斯达克历史上发行首日股票上涨第二名（Nasdaq's second-biggest first-day gain ever）的纪录。

虽然阿帕网项目催生了互联网，但互联网实现商业化却是从雅虎开始的。雅虎创造性地占据互联网入口，创造互联网黄页，从一开始就奠定了其后利用广告盈利的商业模式，也真正打开了互联网商业化的大门。

你知道吗?

杨致远和菲洛是旧识

菲洛本科毕业于杜兰大学，随后进入斯坦福大学攻读硕士、博士。在斯坦福大学读书期间，菲洛曾经做过杨致远的助教。某次评分，菲洛毫不留情地给了杨致远一个“B”，要知道当时杨致远可是在所有科目中都得到了最高评级“A”的。这个“B”让杨致远时常大发牢骚。后来菲洛和杨致远选了同一门课程，他们在这门课程的作业上一直“深度合作”，互帮互助。从此以后，两人便默契十足，成为最佳搭档。他们其实性格截然不同，但形成了互补。菲洛内秀，喜沉思，而杨致远活跃，是社团中的领袖。菲洛善于在屏幕上整理资料，有一种“只要在终端前，就能统治全世界”的感觉。两人的实验室相邻，但实验室内部却是全然不同的两个样子。菲洛的实验室像个被暴风肆虐的地方，而杨致远的实验室比较干净整洁。但在电脑操作方面，杨致远却略逊于菲洛，缺乏一定的规划性。后来，他们一起报名去日本交流学习。到了异国他乡，两位便成为故知，因而彼此关系更加密切，友谊与日俱增。

3.4 搜索引擎的诞生

当杨致远和戴维·菲洛忙碌于雅虎公司的时候，现在的搜索引擎巨头谷歌也在斯坦福大学悄然成长。1995 年夏天，斯坦福大学计算机系研究生二年级的学生谢尔盖·布林（Sergey Brin）接待了刚从密西根大学毕业、前来斯坦福大学参观并决定在这里深造的拉里·佩奇（Larry Page），两人从此相识。

这两个性格迥异的年轻人初次见面时都给对方留下了不太好的印象，虽然后来在参观过程中彼此进行了深入的交谈，但相互间依然有争论。然而最终两个人却不得不被对方的优秀才华所折服。

佩奇进入斯坦福大学攻读博士学位，师从特里·威诺格拉德（Terry Winograd）教授。佩奇的父亲是一位教授，受父亲的影响，他深知博士课题对于学术生涯的重要性。经过慎重考虑，他选择了当时还处于萌芽状态的万维网作为自己的研究方向。佩奇对万维网的兴趣主要集中在它复杂的数学结构。在万维网中，每台计算机都是一个节点，而两个页面之间的链接则是连接两个节点的连线。他认为人类创造的最大的网络——万维网里面隐藏了许多有用的信息，然而如何获取这些信息则是一个难题，也是一个值得探究的问题。经过导师威诺格拉德教授的同意，佩奇开始致力于这方面的研究。

随着研究的深入，佩奇发现从一个网页链接到另外一个网页很容易，但却难以从一个网页逆着链接回去。换句话说，当你在浏览一个网页时，你并不知道有哪些网页可以链接到这个网页。佩奇认为，如果能得到这些信息说不定会有重要用途。同时，从网页价值的角度来看，如果网页所链接的其他网页越多，那么这个主网页的价值也就相对更大。

有了这个想法后，佩奇开始着手建立一个实验用的搜索引擎 BackRub，并在 1996

年3月将它放在了自己的个人主页上。起初，BackRub只对1000万份网页进行了分析，然而这1000万份网页之间却有着十分错综复杂的关系，早就超出了一般博士生课题的研究范围，因此佩奇急需其他人的帮助，这时他找到了布林。布林6岁时他全家就从苏联移民到了美国，他的父亲是美国国家航空航天局的科学家和马里兰大学的教授。布林在数学方面拥有惊人的天赋，高超的算法研究是他的强项。

佩奇和布林共同开发了一套网页评级系统 PageRank。该系统的原理是：当从网页 A 链接到网页B时，PageRank就认为“网页A投了网页B一票”。PageRank根据网页的得票数评定其重要性。然而，除了考虑网页得票数（即链接）的纯数量之外，PageRank还要分析投票的网页。“重要”的网页所投出的票就会有更高的权重，并且有助于提高其他网页的“重要性”。之后，佩奇和布林又对这一系统进行了改进，将网页级别与完善的文本匹配技术结合在一起，使之日臻完善。此时的BackRub已经是一个功能十分强大的搜索引擎，搜索效果远远好于那些只采用文本匹配技术的搜索引擎。而且由于 PageRank 是根据网页链接来工作的，因此网页数量越多搜索效果越好，这一点与其他搜索引擎恰恰相反。

随着越来越多的人使用BackRub搜索引擎，佩奇和布林意识到了BackRub的价值，两人兴致勃勃地准备出售 BackRub。但当时各大门户网站对这项新兴的技术非常冷漠，无奈之下他们只好决定自己发展。他们为自己的搜索引擎取名为Google。1998年9月，Google公司在一个车库中诞生了。

你知道吗？

Google 名字的由来

Google的名字是由斯坦福大学的学生肖恩·安德森（Sean Anderson）分享给谷歌创始人拉里·佩奇的。刚开始，安德森认为“Googol”一词，代表的是10的100次幂（方），寓意为存在互联网上的海量资源。但当安德森想要验证这个词语是否已经被注册时，将“googol”后两个字母“ol”误打成了“le”，于是歪打正着名字成了“Google”。

Googol一词在数学家爱德华·卡斯纳（Edward Kasner）和詹姆斯·纽曼（James Newman）的著作《数学与想象力》（*Mathematics and the Imagination*）中被引用过，它其实是由美国数学家卡斯纳9岁的侄子米尔顿·西罗蒂（Milton Sirotta）发明的。通常我们也能看到关于Google的另外一些解释，比如其中一个解释为：G意为手，OO为多个范围，L意为长，E意为出，把它们合一起，意义为：Google无论在哪里都能为您搜寻出您所需要的海量资料。这个词语恰好和Google公司的使命契合——“整合全球信息，使人人皆可访问并从中受益”。Google公司使用这个词同样显示了其想要征服互联网上无穷无尽信息的勃勃雄心。

谷歌的成长离不开雅虎的推荐

我们都知道红杉资本的迈克尔·莫里茨（Michael Moritz）是谷歌最初的投资人，可是很少人知道，雅虎联合创始人之一的菲洛是推动莫里茨投资谷歌最关键的人物。雅虎为什么如此热心呢？其原因在于当时导航是雅虎创建的互联网黄页所提供的一项重要服务。在运营过程中，搜索功能的重要性日益凸显，雅虎创始人也早就意识到这一点。尽管当时雅虎已经和多家搜索服务公司合作，但情况都不太理想。直到后来谷歌这个同样来自斯坦福大学，且具有与众不同的服务的搜索引擎的出现，才让雅虎眼前一亮。当时雅虎有意将自己的搜索服务外包给谷歌，不过当时规模微小的谷歌也让雅虎有所顾虑，刚起步的创业公司的财务问题和发展前景都是一个未知数。谷歌产品的性能和其公司现状着实让杨致远有些矛盾，但是杨致远内心希望能获得优质的搜索服务合作资源，于是很希望这家具有独特搜索服务的公司能够运营下去，然后再将雅虎的搜索服务外包给谷歌。经过几番考量，杨致远和菲洛商量向他们的投资人迈克尔·莫里茨举荐谷歌。所以说，雅虎推动了这项投资，谷歌获得了迈克尔·莫里茨的支持。

令人惊叹的车库文化

世界上的一些知名公司，包括亚马逊、谷歌、苹果，都诞生于环境条件恶劣的车库。上述公司都是具有顽强生存能力和发展能力的企业，正是因为善于在逆境中成长，才铸就了这些公司的伟大成就。

1971 年，16 岁的史蒂夫·乔布斯（Steve Jobs）和 21 岁的斯蒂芬·沃兹尼亚克（Stephen G. Wozniak）经朋友介绍而相识。1976 年，乔布斯成功说服沃兹尼亚克装配机器，而乔布斯拿着机器各处推销。后来，他们另一位朋友罗恩·韦恩（Ron Wayne）也加入其中，三人在 1976 年 4 月 1 日成立了苹果电脑公司[①]。他们借用乔布斯家人在加州丘珀蒂诺（Cupertino）的车库日夜不分地装配，并进行马拉松式的测试。就是在这样艰苦的条件下，他们在 30 天内手工组装完成了 50 台苹果电脑，按时交付了苹果的第一份订单。如今，苹果公司已是世界上最有价值的科技公司。

1994 年，杰夫·贝索斯（Jeff Bezos）在华盛顿州贝尔维（Bellevue）市自家车库里创立了亚马逊。开始亚马逊只从事书籍的网络销售业务，在 1995 年 7 月卖出了第一本书。1997 年，亚马逊首次公开募股，现在已经成为世界上著名的网上零售商之一。

1998 年 9 月，斯坦福大学学生拉里·佩奇和谢尔盖·布林在他们房东苏珊·武伊齐茨基（Susan Wojcicki）的车库里创立了谷歌。但不久他们觉得这个项目影响到了学业，想以 100 万美元出售给 Excite 公司却遭到拒绝。现在 Google 是世界上流量最大的网站。

2005 年 1 月，和很多互联网公司一样，YouTube 也诞生在车库里，同年 2 月 14 日正式注册了相应域名。

3.5 Web1.0 时代的特点

Web1.0 的网络只能够单方面地向用户提供信息，缺乏和人的深度交流，要说其交流程度的话，类似于人类的婴儿阶段，只是单方面摄取生存所必需的营养。从技术的角度看，这个时代的互联网技术主要是由静态网页和动态网页组成；从交互角度看，Web1.0 是网站以用户为主；从知识生产的角度看，Web1.0 的任务是将以前没有放在网上的人类知识，通过商业的力量，放到网上去；从内容产生者角度看，Web1.0 是以商业公司为主

① 2007 年更名为苹果公司。

体把内容往网上搬（表 3.1）。

表 3.1 Web1.0 时代的特点

角度	特点
技术	静态网页、动态网页
交互	计算机→人
知识生产	已有知识→网络
内容产生者	商业公司为主

除此之外虽然各个网站采用的手段和方法不同，但第一代互联网有诸多共同的特征。

（1）Web1.0 基本采用的是技术创新主导模式，信息技术的变革和使用对于网站的诞生与发展起到了关键性的作用。新浪最初就是以技术平台起家，搜狐以搜索技术起家，腾讯以即时通信技术起家，盛大则以网络游戏起家，在这些网站的创始阶段，技术性的痕迹相当之重。

（2）Web1.0 的盈利都基于一个共同点，即巨大的点击流量。无论是早期融资还是后期获利，依托的都是众多的用户数和其背后的点击率，以点击率为基础来进行上市或开展增值服务。受众的基础，决定了盈利的水平和速度，充分体现了互联网的眼球经济色彩。

（3）Web1.0 的发展出现了向综合门户合流的现象。早期的新浪、搜狐与网易等，继续坚持门户网站的发展道路，而腾讯、MSN、谷歌等网络新贵，都纷纷走向了门户网络，尤其是对于新闻信息，有着极大的兴趣。这一情况的出现，在于门户网站本身的盈利空间更加广阔，盈利方式更加多元化，占据网站平台，可以更加有效地实现增值意图，并将业务延伸至主营业务之外的各类服务。

（4）Web1.0 在合流的同时，还形成了主营与兼营结合的清晰产业结构。新浪以新闻+广告为主，网易拓展游戏，搜狐延伸门户矩阵，各家以主营作为突破口，以兼营作为补充点，形成“拳头加肉掌”的传统发展方式。

第4章　Web2.0时代

Web1.0时代的互联网，为人们开启了新世界的大门，为信息的获取和传播创造了一种新的途径。如果说Web1.0时代互联网开始走入人们的生活，那么Web2.0时代则是互联网丰富和多元化人们生活的时代。互联网不再仅仅作为信息储存和传播的工具，更成为人们生活的习惯，为人类创造了丰富多彩的生活和巨大的商业价值。

在科技与资本的推动下，互联网行业经历了一段时间的飞速发展。这场互联网热潮在2000年达到顶峰，而与此相伴的则是巨大的投资泡沫。随着新千年钟声的敲响，人类顺利度过了“千年虫”危机，却没能躲过互联网行业泡沫破灭的危机。2000年3月10日，以技术股为主的纳斯达克指数创下当时的历史最高纪录，此后纳斯达克指数不断下跌。在短短两年时间里，纳斯达克指数狂跌78%，大量曾被视为明星企业的公司的股票惨遭抛售，在纳斯达克上市的中国公司包括新浪、网易和搜狐等也都未能幸免于难，股价一路暴跌，有的甚至以停牌收场。最终，只有不到一半的互联网公司活过了2004年，将近7500亿美元的资产和60万的工作岗位蒸发。

这场资本催生的互联网泡沫迅速膨胀，又迅速地破灭。资本趋利避害的属性使得风投纷纷远离互联网企业，但对于新兴的互联网行业而言，这未必是一件坏事。泡沫的破灭让年轻的创业者们更多地去反思互联网带给世界的价值，优胜劣汰之后的残局也更加有利于互联网行业自身的修复与重构。

从1995年到2003年，世界范围内的上网人数从两千万人急剧增加到五亿人。互联网逐渐演变为人们生活里的一项基本工具，它在飞快地融入和改变人类的生活方式。在这样的时代背景下，互联网公司必须进行重构，创造属于自己时代的企业新文化。Web2.0时代的互联网公司没有强制的权力，没有明确的支配者，所有人都是服务者和创造者；他们崇尚自由灵活的工作时间，鼓励创新和团队合作。互联网的价值或许就是基于分享之上的创造。在这种价值观的指引下，互联网企业开始深耕于用户，即便失去资本的扶持也能茁壮地成长。

在Web2.0时代，一些新的互联网产品形态被创造出来，由于其能满足人们的各类需求而开始兴盛起来，并逐渐推动一种新的生活方式产生。

4.1 Blog（博客）

“博客”一词是从英文单词 Blog 翻译而来的。Blog 是 Weblog 的简称，而 Weblog 则是由 Web 和 Log 两个英文单词组合而成。Weblog 就是在网络上发布和阅读的流水记录，通常称为“网络日志”，简称为“网志”。

4.1.1 萌芽阶段

最早的博客原型应该是 NCSA 的“What’s New”网页。这个页面从 1993 年 6 月开始，一直更新到 1996 年 6 月，主要是罗列网络上新出现的网站索引。

1997 年 12 月，约翰·巴杰（Jorn Barger）最早用 Weblog 这个术语来描述那些有评论和链接且持续更新的个人网站。但到了 1998 年，互联网上的博客网站仍屈指可数。那时，Infosift 的编辑杰西·加勒特（Jesse J. Garrett）想制作一份博客网站的名录，便在互联网上开始了艰难的搜索。终于在 1998 年的 12 月，他为自己搜索到的网站制作出一份名录，并把名录发给了卡梅伦·巴雷特（Cameron Barrett）。巴雷特觉得这份名录非常有用，于是将其发布到 CamWorld 网站上。其他的博客站点的维护者发现后，也纷纷把自己的网址、网站名称、主要特色等上传到该网站，1999 年初，加勒特的“完全博客站点”名录所列的站点已多达 23 个。

巴雷特与加勒特共同维护的博客站点能够吸引很多人的关注，原因很简单，是因为其博客站点看起来简洁且内容有趣，方便人们阅读。在这种情况下，彼得·默霍尔茨（Peter Merholz）在自己的主页发帖称：“这个新鲜事物必将引起大多数人的注意。”作为未来的一个常用词语，Weblog 将不可避免地被简称为 Blog，而那些编写网络日志的人，也就顺理成章地成了 blogger。这标志着博客被正式命名。

博客数量的增多必然带来一个令人头疼的事实，那就是内容变得杂乱无章，若要找到自己的目标信息，需要花费大量的时间筛选信息。不仅如此，博客站点的搭建也变得复杂。在此背景下，1999 年 7 月，一个专门用来制作博客站点的免费工具软件“Pitas”发布了，这对于博客站点的快速搭建起着很关键的作用。随后，上百个同类工具也如雨后春笋般出现。这些工具对于博客的加速发展意义十分重大。1999 年 8 月，Pyra 推出了 Blogger 网站，Groksoup 也投入运营，使用这些企业所提供的基于互联网的简单工具，博客站点的数量开始爆炸性地增长。1999 年末，软件研发商戴夫·温纳（Dave Winer）向大家推荐了 Edit This Page 网站，杰夫·坎贝尔（Jeff A. Campbell）创建了 Velocinews 网站。所有的网站提供的博客服务都是免费的，其目的很明确：让更多的人成为博客，来网上发表意见和见解。

4.1.2 发展阶段

1998 年 1 月 17 日，一个名不见经传的个人新闻网站发布了一条震惊世界的消息，一夜之间，该新闻网站闻名全球，网站日访问量由 900 人次激增到 12 300 人次。

这个一鸣惊人的个人新闻网站，就是马特·德鲁奇（Matt Drudge）创办的 Blog 网站——德鲁奇报道（Drudge Report）。德鲁奇报道让世界第一次真正感受到了 Blog 的力量。

你知道吗？

德鲁奇报道

1995 年，马特·德鲁奇注意到经常有一些电视、报纸上所没有的独家新闻出现在 Usenet（世界性的新闻组网络系统）上的一些帖子中。同时，他也发现当现实生活中发生一些突发事件时，传统媒体的报道通常要经过很多道程序才能最终出现在大众眼前，因此具有一定的时滞。德鲁奇认为互联网在新闻传播方面非常有开发价值。它是唯一一个能够摆脱 CNN（有线新闻网）的媒介。建立一种新的新闻发布渠道只不过需要一个电子邮件（E-mail）地址、一个网站。网站的新闻线索可以来自网站的用户，也就是说这些用户同样可以成为信息的发布者。这样，在平台内部网站上，人们可以实现信息资源、新闻资源的共享，这是比传统媒体更加快速和高效的方式。渐渐地，德鲁奇用这种方式积累了大量的独家新闻资源。

德鲁奇的这个新闻网站现在看来是最老土、最业余的网站了——没有色彩、没有框格、没有图像（后来头条开始用图片，可能是他的技术水平有了提高），更没有 Flash 等时髦的设计。德鲁奇个人更喜欢原始的网页，那里只有一个头条新闻标题，还有一堆杂乱的链接，在网站的文章中还常出现一些最基本的文法问题和拼写错误。

对公众热点非常敏感的德鲁奇报道从不错过每一次重大新闻事件的报道时机。德鲁奇报道独家首发了“摄影大师赫布·里茨（Herb Ritts）去世”的消息（2002 年 12 月），甚至还挖出了像“CNN 首席执行官沃尔特·艾萨克森（Walter Isaacson）辞职”这样的猛料（2003 年 1 月）。传统媒体强调准确和客观，德鲁奇则强调真相与速度。

大家对德鲁奇褒贬不一，德鲁奇后来创办了“公民的记者”新闻栏目，但也有一些人说他是“谣言八卦之源”，还有人认为他是“互联网上的报童”。《花花公子》杂志称他为“新闻业的坏小子”“克林顿的大噩梦”，《纽约时报》称他为“美国恶作剧之王”，克林顿叫他“Sludge”（烂泥）。总而言之，德鲁奇收到了来自四面八方各色人等的不同评价。

但不可否认的是，德鲁奇创造了一种新的媒体工具。法新社将他列为“20 世纪最具推动力和影响力的十大人物”之一。

2001 年，“9・11”事件爆发，现场的图片第一时间发布在博客上，这向人们展示了博客快速即时的通信特点。对于还在焦急等待各大传统媒体对事件进行追踪报道的人群而言，博客的响应速度无疑直击了他们的痛点。这场恐怖袭击让人们对生命的脆弱、人与人沟通的重要性以及及时有效的信息传递方式有了全新的认识。一个重要的博客门类：战争博客（WarBlog）因此兴起。可以说，对“9・11”事件最真实最生动的描述并非来自《纽约时报》，而在那些幸存者的博客日志中；对事情最深刻的反思与讨论，也不是出自哪一个知名的资深记者之手，而是在诸多的普通博客当中。“9・11”事件使得博客成为重要的新闻之源，从而使其逐渐步入主流社会的视野。

你知道吗？

博客秘史：源自小夫妻自编自卖软件

本・特罗特（Ben Trott）和梅娜・特罗特（Mena Trott）是一对出生于 1977 年的夫妻，在 2001 年互联网泡沫后，梅娜・特罗特无事可做，然而又不甘寂寞，于是写起了网络日志；本・特罗特因为找不到体面工作就在家编写电脑程序。后来他们就在自己的房子里面成立了一个小公司。万万没想到的是，他们在自家卧室里倒腾出的小公司竟然引发了网络新兴势力——博客网站的革命，后来更是成为全球最大的商业化 Blog 服务提供商。

2001 年初，梅娜・特罗特开始建立自己的博客网站，她说：“当时，我想我已不可能在现实世界中出名了，但或许可以在网络世界出名。”在日志中，梅娜・特罗特大谈少女情怀、分享成长点滴，毫无避讳地表达自己的爱憎喜好，比如她不喜欢有人在公共场合剪指甲，比如她对 1972 年一部灾难片的迷恋等。坦诚的表达激发了很多人的阅读兴趣，也引起了不少人的共鸣，这使得梅娜・特罗特收获了一批支持者。

梅娜・特罗特在拼命写个人日志的时候，失意的本・特罗特开始编写一个名为 Movable Type（简称 MT）的程序，一个针对个人用户的博客发布系统就此诞生。2001 年 9 月，本・特罗特把 MT 软件发布到网上，仅仅一个小时，就有了 100 次的下载量。二人看到了其中的商机，于是把自家的卧室变成了创业室，成立了 Six Apart 公司。一开始，他们只是希望能赚点钱维持日常花销，但是没想到财源滚滚而来。

硅谷风险投资家乔伊・伊托嗅到了财富的味道，于是主动找到他们，表示自己愿意进行投资，帮助他们获得更大的发展。最终，特罗特夫妇把公司的部分股份以 1150 万美元的价格卖给了伊托和其他风险投资家。

随后，从卧室里的两台电脑起家的这家小公司成为 Blog 界的“一条大鱼”，MT 也成为当时最为流行的个人 Blog 发布系统。后来，为了和 Six Apart 竞争，谷歌和微软分别推出了 Blogger.com 服务和 MSN Space 服务。2004 年被称为“博客年”，特罗特夫妇就是那一年《个人电脑》杂志评选出的五位年度人物中的两位。

4.2 Wiki（多人协作的写作系统）

4.2.1 Wiki 软件

Wiki 一词来源于夏威夷语的“wee kee wee kee”，发音 wiki，原本是“快点快点”的意思。在互联网领域，Wiki 被译为“维基”或“维客”，是一种在网络上开放的可供多人协作的超文本系统。这种超文本系统支持面向社群的协作式写作，同时也包括一组辅助工具来支持这种写作。Wiki 站点可以由多人（甚至任何访问者）维护，每个人都可以发表自己的意见，或者对共同的主题进行扩展、探讨。

1995 年，沃德·坎宁安（Ward Cunningham）在普渡大学（Purdue University）计算中心工作时，为了方便模式社群的交流而建立了一个工具——波特兰模式知识库（Portland Pattern Repository）。在建立这个系统的过程中，沃德·坎宁安创造了 Wiki 的概念和名称，并且开发了支持这些概念的服务系统，这就是最早的 Wiki 系统。

坎宁安说 Wiki 的构想源自其在 20 世纪 80 年代晚期利用苹果电脑 HyperCard 程序开发的一个小功能。HyperCard 类似名片整理程序，可用来记录人物与相关事物。HyperCard 管理许多被称为“卡片”的数据，每张卡片上都可划分字段，加上图片、有样式的文字或按钮等，而且这些内容都可在查阅卡片的同时进行编辑修改。HyperCard 类似于后来的网页，但是缺乏一些重要特征。

坎宁安认为原本的 HyperCard 程序作用很大，但想要创建卡片与卡片之间的链接却很困难。于是他放弃了 HyperCard 程序原本的链接创建功能，转而改用“随机搜索”的方式，自己增添了一个新的链接功能。用户只需将链接输入卡片上的一个特殊字段，这个字段每一行都有一个按钮。按下按钮时，如果卡片已经存在，按钮就会带用户前往那张卡片，否则就发出“哔”声；若继续点击按钮，程序就会为用户产生一张新的卡片。

坎宁安将这个程序、他自己写的人物及相关事物的卡片展示给许多朋友看，往往会有人指出卡片之中的内容有误，他们可以当场利用 HyperCard 初始的功能修正内容，同时可以利用坎宁安所开发的新功能补充链接。

坎宁安后来在其他程序中也加入了这样的功能，而且他还增加了多用户写作功能。新功能之一是程序会在任何一张卡片、任何一次被更改时，自动在“最近更改”卡片上增加一个上一次被更改卡片的链接。坎宁安自己常常看“最近更改”卡片，而且空白的说明字段会让他想要编写一下更改的摘要。

最终，1995 年 3 月 5 日，沃德·坎宁安创建了第一个 Wiki 网站：WikiWikiWeb，用来补充他自己经营的软件设计网站。

4.2.2 维基百科

从 1996 年至 2000 年间，随着波特兰模式知识库推出的面向社群的协作式写作的发展，一些支持这种写作的辅助工具应运而生，Wiki 的概念也随之丰富，并进一步传播。网络空间也因此出现了许多类似的网站和软件系统，其中比较有名的就是维基百科。

1999 年 10 月 20 日，价值 1250 美元的 32 卷《大英百科全书》全部被置于互联网之上，供人们免费查询与下载。出版社的这一举动经全球 1200 多家媒体报道后，引起巨大的轰动，1500 万的人流在一天之内汹涌而至，令刚开通的网站不堪重负，顷刻间崩溃，并致使其在两个星期内都无法正常运转。然而，《大英百科全书》网络版的免费午餐没有持续太久。两年后，由于网络广告发展艰难，《大英百科全书》不得不放弃“免费”的承诺，宣布向个人用户收取 60 美元的年费。

《大英百科全书》“免费开放”的失败，却意外引起了吉米·威尔士（Jimmy Wales）的注意。吉米·威尔士想到，自己是否可以建立一个真正“开放、免费”的网络百科全书呢？从此，吉米·威尔士开始朝着这个目标努力。

2001 年 1 月 15 日，威尔士与拉里·桑格（Larry Sanger）以及其他人合伙创立了英文版的维基百科，这是一个免费、开放的网络百科全书。在短短一个月内，维基百科的条目就达到了 200 条，短短一年之后增加到了 1.8 万条。2001 年 5 月，13 个非英语维基百科版本计划启动（包括了阿拉伯语、汉语、荷兰语、德语、世界语、法语、希伯来语、意大利语、日语、葡萄牙语、俄语、西班牙语和瑞典语）。同年 9 月，又有三个语言版本加入了维基百科大家族。到了该年末，挪威语等另外三个语言版本也宣布上线。2004 年 9 月，维基百科全书的条目达到 100 万条，此时它的投资总额达到了 50 万美元，其中大部分是威尔士的个人投资。威尔士称，维基百科的宗旨就是“用世界上每一种语言免费传递一个完整而全面的百科全书，即使最贫穷和最受压迫的人也能轻松查阅”。2006 年 5 月，吉米·威尔士被《时代》周刊评选为当年 100 个最具影响力的人物之一。

维基百科开创了百科全书的新模式，实现了互联网模式下全球资源的整合与展示。威尔士知道，他不是维基世界的个人英雄，草根也不是一群无所作为的人，而是在共同力量指引下自下而上产生的一股不可忽视的社会力量。他们自主形成了一种社会性大脑，组合社会信息后回馈社会。

4.3 RSS（站点摘要）

孙伟在《什么是 RSS》一文中介绍，RSS 是站点用来和其他站点之间共享内容的一种简易方式（也叫聚合内容），通常被用于新闻和其他按时间先后顺序排列的网站，如博客。一个 RSS 包含很多新闻条目，一个新闻条目通常能够链接到全部的相关内容，条目介绍可能包含新闻的全部介绍，或者仅仅是额外的内容和简短的介绍。网络用户可以在自己的客户端，借助于支持RSS的新闻聚合工具软件，在不打开网站内容页面的情况下阅读支持RSS输出的网站内容。

你知道吗？

对于RSS的解释有以下三种：

（1）really simple syndication，简易信息聚合；

（2）RDF（resource description framework，资源描述框架）site summary，RDF站点摘要；

（3）rich site summary，丰富站点摘要；

不论是以上三种解释中的哪一种，指的都是同一种Syndication技术。

RSS实用的思想最早要追溯到1995年，那时拉马纳坦·古哈（Ramanathan V. Guha）和苹果公司高级技术组的其他人员开发了元内容框架（meta content framework）；1997年，戴夫·温纳开发出Scripting News，RSS由此诞生。

1999年，网景公司推出RSS技术。当时网景公司定义了一套描述新闻频道的语言。RSS用于将网站内容转发到网景浏览器中。但由于当时公司内部商业决策、互联网内容贫乏等，网景公司最终只发布了一个0.9版本的规范。微软当时也推出了与RSS非常类似的数据格式，试图捆绑在IE浏览器中与网景浏览器竞争，利用新闻频道的架构把“推”（Push）技术变成一个应用主流。不过令人遗憾的是，由于当时互联网访问速度慢、内容贫乏、用户不熟悉等，“推”技术没有得到市场的广泛支持且自身的优势逐渐丧失。新闻频道的发展也陷入了低谷，最后在IE的后续版本中彻底消失了。

但是业界人士并没有抛弃RSS。始于专业群体的博客，逐步向大众扩散，成为网络上备受推崇的新话题。而RSS成为描述博客主题和更新信息的基本方法。于是2001年，戴夫·温纳的公司UserLand接手了RSS技术标准的发展完善工作，继续开发新版本，以适应新的网络应用需要。通过戴夫·温纳的努力，RSS升级到了0.91版，之后更新0.92版，随后被众多的专业新闻站点接受和支持。在广泛应用的过程中，众多的专业人士认识到RSS需要组织起来，发展成为一个通用的规范，并进一步标准化。一个联合小组根据W3C新一代的语义网络技术RDF对RSS进行了重新定义，发布了RSS1.0版，并把RSS定义为“RDF site summary”。这个小组并没有与戴夫·温纳进行有效的沟通，戴夫坚持在自己设想的方向上进一步开发RSS的后续版本2.0，同时也不承认RSS1.0的有效性。RSS由此开始分化成了RSS0.9x/2.0和RSS1.0两个阵营。

因为争议的存在，RSS 1.0至今还没有成为标准化组织的真正标准。而戴夫·温纳却在2002年9月独自把RSS升级到了2.0版本，其中的定义没有任何RSS1.0的影子，是一种全新的模式。后来，究竟让一个越来越普及的数据格式成为一个开放的标准，还是被一家公司所定义和控制，成为争论的焦点。

你知道吗？

RSS的联合和聚合

当一个RSS文件（一般称为RSS Feed）被发布后，其他站点就可以直接调用这个

RSS Feed中包含的标准XML[1]格式的数据信息。正是由于其格式是标准的XML，其他的终端和服务中也可以使用，如掌上电脑、手机、邮件列表等。

RSS的联合就是，一个网站联盟（比如专门讨论旅游的网站系列）通过互相调用彼此的RSS Feed，使得其他站点上的最新信息自动地显示在网站联盟中。这种联合可以创造出一种良性循环，也就是一个站点的内容更新越及时，也就意味着RSS Feed被调用得越多，那么该站点的知名度就会越高。

而所谓RSS聚合，就是利用软件工具的方法从网络上收集各种RSS Feed，然后合并在一个界面中供读者进行阅读。这些软件可以是在线的Web工具，如http://my.userland.com，http://www.xmltree.com等，也可以是下载到客户端安装的工具。

4.4 SNS（社交网络）

4.4.1 SNS的理论基础

SNS（social network service）即社交网络服务（又称社交网络），是一种帮助有共同兴趣的人们建立社会型网络的互联网应用服务。它常常基于互联网，帮助用户完成相互的交流（如电子邮件、即时消息等服务）。在互联网中，个人计算机、智能手机因为没有强大的计算及带宽资源，需要依赖网站服务器才能浏览发布信息。如果将每个设备的计算及带宽资源进行重新分配与共享，这些设备就有可能具备比那些服务器更为强大的能力。这就是分布计算理论诞生的根源，是SNS技术诞生的理论基础。

SNS是一个采用分布式技术，通俗地说是采用对等网络（peer-to-peer，P2P）技术构建的下一代基于个人的网络基础软件。SNS通过分布式软件编程，将分散在个人设备上的CPU、硬盘、带宽进行统筹安排，并赋予这些相对于服务器而言很渺小的设备以更强大的能力。这些能力包括：计算速度、通信速度、存储空间。

SNS建立在心理学的“六度分隔（six degrees of separation）理论”基础上，用户可以以朋友的朋友为基础扩展自己的人脉。1967年，哈佛大学的社会心理学教授斯坦利·米尔格拉姆（Stanley Milgram）创立了六度分隔理论，该理论指出：在人际网络中，要结识任何一位陌生的朋友，这中间最多只要通过六个朋友就能达到目的。简单地说，“你和任何一个陌生人之间所间隔的人不会超过六个。换句话说，最多通过六个人你就能够认识任何一个陌生人。”按照六度分隔理论，每个个体的社交圈都不断扩大，最后成为一个大型网络。

现实社会中，每个人不需要直接认识所有人，只需要通过他的朋友、朋友的朋友，就能促成一次交流和认识，从而形成自己更大范围的朋友圈、联系圈。而网络交际中，大多数的交流通过某些平台来实现，比如将自己的相关信息公布到某个平台中，让其他

① extensible markup language，可扩展标记语言。

人认识你，然后他们会开始联系你，从而相互认识。

这两者的优缺点都很明显，社会性交际的优点是可靠，彼此关系建立在可靠的人际网络上，缺点是建立关系时间长、代价较高；平台式的网络交际优点是成本低，但不可靠。如果能将现实社会的机制拷贝到网络中，那么在理论上，这种网络交际就能够获得可靠与低成本的双重优点。在SNS中，朋友圈内关系往往真实度很高，非常可靠，互相之间不存在所谓网络的“假面具”，因此比较容易实现实名制；SNS基于“人传人”联系网络，一传多，多传多，利用网络这一平台，人脉网络建立的速度会非常快，同时建立人脉网络的成本也进一步降低。

你知道吗?

六度分隔理论

1967年，美国哈佛大学社会心理学教授斯坦利·米尔格拉姆通过一个著名的实验探究了构建人脉网络需要做出的努力。通俗地说，实验的目的就是探究与陌生人建立新的联系需要多少中间桥梁的问题。斯坦利·米尔格拉姆在内布拉斯加州和堪萨斯州招募到一批志愿者，随机邀请其中三百名向一位住在波士顿的股票经纪人寄出一封信函。这名股票经纪人由米尔格拉姆指定，他基本上能够确认志愿者和这位股票经纪人没有直接的联系，因此信函不可能直接送到目标人物手中。于是米尔格拉姆让志愿者向亲友寻求帮助，将信件发送给他们认为最有可能与目标建立联系的亲友，并要求每转寄一次，转寄人需要通过信件告知米尔格拉姆本人。意想不到的是，有六十多封信最终到达了目标股票经纪人手中，而这些到达的信函都平均经过了5个中间人。换句话说，陌生人之间建立联系的最远距离是6个人，这也是这次实验得出的重要结论。1967年5月，米尔格拉姆将实验结果发表在《今日心理学》杂志，并提出了著名的六度分隔理论。尽管在这之前已经有人提出了与之类似的观点，但是米尔格拉姆是第一个用实验的方式来证明这个理论的学者。这个实验后来成为社会心理学的经典范例之一。在随后的三十多年中，许多著名的社会心理学家、数学家，以及相关学科的研究人员都对六度分隔理论进行了反复的计算和验证。这些结果都发现了这样一个事实，那就是：虽然世界广阔，但当我们每个人都将自己的人际关系网络考虑进去时，其实人与人的距离就会变得很小，我们能通过人际网络关系认识任何一个陌生人。2001年，哥伦比亚大学社会学系的邓肯·瓦兹（Duncan Vaz）主持了一项针对六度分隔理论的验证实验，来自166个不同国家的6万多名志愿者参加了该项研究。瓦兹随机选定18个“认识”目标（比如一名美国的教授、一名澳大利亚警察和一名挪威兽医），要求志愿者选择其中的一个作为自己的目标，并给自己认为最有可能与目标人物有关系的亲友发送电子邮件。这个实验结果与米尔格拉姆的实验结果基本一致。后来，瓦兹在科学学术期刊《科学》杂志上发表了论文，这篇论文表明邮件要到达目标人物手中，平均也只需要经过5~7个人。

4.4.2 SNS 的技术应用

国外的 SNS 发展较早，从 20 世纪 90 年代就已经显现出雏形。如 1995 年诞生于美国的带有校友录性质的 Classmates.com，以及 1997 年出现的关注链接的 sixdegrees.com。此后，有很多网络社区开始提供各种个人资料的整合和公开链接的好友功能，用户可以利用这个功能创建个人的网页信息和网络形象，并依据其他用户的个人信息描述来找到志同道合的朋友，建立联系。2000 年，虚拟社区 LunarStorm 将自己升级为 SNS 社交网站，它包含了好友列表、来访列表、日记页面等功能。从 2003 年起，国外网络出现了很多新型的社交网站，SNS 逐渐成为网络服务的主流。Myspace 在这一时期创建，它为全球用户提供了一个集交友、个人信息分享、即时通信、博客等功能于一体的互动平台，一度成为全球第二大社交网站。2004 年，Facebook 横空出世。开始 Facebook 只供哈佛大学内部交流使用，随后向其他院校开放。几年以后，Facebook 全面开放，并发展成为全球最大的 SNS 社交网站。2011 年 6 月，Google 在推出一系列社交网站失败之后，推出了测试较为成功的社交产品 Google+，希望能跟 Facebook 一决高下。

随着国外社交网站的日益兴盛，国内社交网络也如火如荼地发展起来。2003 年，国内最早的社交网站 Uuzone（又名优友地带）在南京成立，它曾获得晨兴创投 100 万美元投资，但在 2009 年停止了所有服务。2005 年，51.com 声称自己是中国当时最好的社交网站，并致力于为用户提供稳定安全的数据存储空间和便捷的交流平台，它也曾被认为是 Myspace 模式中国化的佼佼者。2005 年 12 月，人人网（renren.com）诞生。经过有力的推广，人人网很快便成为当时中国最大的社交网络。人人网的成立标志着中国最早并且最大的校园 SNS 社区的建成。同一时期，开心网（kaixin0001.com）成立，并在 2008 年发布产品“开心农场”，呈现爆发式增长趋势。该网站主要针对白领市场，提供的服务有日记分享、短消息传递、照片分享、在线聊天等，并具有小型休闲游戏、音乐点播分享等功能。

SNS 对个人而言，是一项“服务”，一项用以跟老朋友保持联系、拉近距离的网络服务；一项拓展关系网、结交志同道合的朋友的“服务”，这些服务带领我们进入了数字化的“泛社交时代”。从另一个角度来看，SNS 也可以是一种媒体，因为在这个网络平台上，无数的信息被网络中的节点——人过滤并传播着，有价值的消息会被迅速传遍全球，无价值的信息则会被人们遗忘或者只能在小范围内传播。这就是我们近几年听到的新名词：社交媒体（social media）。

4.5 IM（即时通信）

即时通信（instant messaging，IM），是一种可以让使用者在网络上建立某种私人聊天室（chat room）的实时通信服务，它允许多人使用即时通信软件，实时传递文字信息、文档、语音以及视频等信息流。随着软件技术的不断发展以及相关网络配套设施的完善，即时通信软件的功能也日益丰富，除了基本通信功能以外，逐渐集合了电子邮件、博客、音乐、电视、游戏和搜索等多种功能，而这些功能也促使即时通信由一个单纯的聊天工具发展成为集交流、娱乐、商务办公、客户服务等多功能为一体的综合化信息平台。

4.5.1 IM 的技术原理

根据王海涛和付鹰在其《即时通信——原理、技术和应用》一文中的介绍，即时通信是一种基于互联网的通信技术，涉及 IP/TCP/UDP[①]/Sockets、P2P、C/S[②]、多媒体音视频编解码/传送、Web Service 等多种技术手段。尽管即时通信软件的功能各异，复杂程度也不尽相同，但是它们的技术原理大致相同，主要包括 C/S 通信模式和 P2P 模式。

C/S 通信模式主要分为三层，包括基于工作站的客户层、基于服务器的中间层和基于主机的数据层。在三层结构中，客户不产生数据库查询命令，它访问服务器上的中间层，由中间层产生数据库查询命令。三层 C/S 结构便于工作部署，客户层主要处理交互界面，中间层表达事务逻辑，数据层负责管理数据源和可选的源数据转换。

在 P2P 模式中，每一个客户都是平等的参与者，它是一种非中心结构的对等通信模式，它既是服务承担者也是服务提供者。客户之间可充分利用网络带宽进行直接通信，减少网络的拥塞状况，使资源的利用率大大提高。得益于没有中央节点的集中控制，系统的伸缩性较强，也能避免单点故障，系统的容错性能也得以提升。但 P2P 网络的分散性、自治性、动态性等特点，也会造成某些情况下客户的访问结果不可预见等问题。例如，一个请求发出后可能得不到任何应答消息的反馈。

当前使用的 IM 系统大都使用了 C/S 和 P2P 组合模式。在登录 IM 进行身份认证阶段是 C/S 模式，随后如果客户端之间可以直接通信则使用 P2P 方式工作，否则以 C/S 模式通过 IM 服务器通信。举例来说，用户 A 希望和用户 B 通信，必须先与 IM 服务器建立连接，从 IM 服务器获取到用户 B 的 IP 地址和端口号，然后 A 向 B 发送通信信息。B 收到 A 发送的信息后，可以根据 A 的 IP 和端口直接与其建立 TCP 连接，与 A 进行通信。此后的通信过程中，A 与 B 之间的通信则不再依赖 IM 服务器，而采用一种 P2P 方式。由此可见，即时通信系统结合了 C/S 模式与 P2P 模式，也就是首先客户端与服务器之间采用 C/S 模式进行通信，包括注册、登录、获取通信成员列表等，随后，客户端之间可以采用 P2P 通信模式交互信息。

---

① user datagram protocol，用户数据报协议。

② client/server，客户/服务器。

4.5.2　IM 的发展历程

自 1997 年第一款 IM 软件 ICQ 诞生以来，IM 的发展经历了 PC 端萌芽期、PC 端成熟期、PC 端转型期和移动端发展期，各个时期都具有其独特的特点。

你知道吗？

ICQ 的诞生

ICQ 的意思是“我找你”（I Seek You）。1996 年 7 月，四个以色列年轻人，Yair Goldfinger（亚伊尔·戈德芬格，26 岁）、Arik Vardi（艾瑞克·瓦尔迪，27 岁）、Sefi Vigiser（塞菲·维吉塞，25 岁）、Amnon Aimr（阿姆农·艾姆尔，24 岁），在使用互联网和朋友进行联络时感到十分不便，于是成立了 Mirabilis 公司，希望可以在互联网上发展一种即时联络方式。1996 年 11 月，第一版 ICQ 产品在互联网上发布。这款产品得到了人们的极大认可，网友们的热情分享使得 ICQ 很快传播开来。

虽然 Mirabilis 公司刚成立不久，但是 ICQ 引发的口碑效应使其成为当时互联网历史上拥有最大下载量的公司。1997 年 5 月 ICQ 拥有 85 万注册用户，在一年半后，ICQ 的注册用户达到 1140 万，其中 600 万人是活跃用户，另外每天还有将近 6 万新增注册用户。在商人眼中，人潮便意味着商机。1998 年 6 月，美国网络服务公司美国在线（AmericanOnline，AOL）在用户数超过 1000 万时，用 2.87 亿美元收购了 Mirabilis 公司，这个收购价格创下了网络发展史上的另一个奇迹。2000 年 9 月，ICQ2000b 正式版本终于推出。

PC 端萌芽期（1999~2001 年）：IM 刚刚起步，主要特点是形成基本功能。这段时间 QQ、MSN 刚刚起步，都着重于 IM 基础功能的建设，如文字聊天功能和多人文字聊天功能。

PC 端成熟期（2001~2006 年）：此时期 IM 应用开始逐渐增多，用户被细分成不同的群体。针对这些群体推出了不同的 IM 应用：有专门针对企业用户的 IM、有购物的 IM、有游戏的 IM；同时 PC 端功能逐步强化，可以进行文件传输和语音/视频聊天，并增加了个性化定制功能，满足用户个性化需求，同时推出增值服务，具有了变现的能力。

PC 端转型期（2006~2010 年）：此时期 IM 应用的自身功能已经比较完善，于是开始整合其他功能，加强入口控制能力。同时，随着智能手机的普及，IM 应用逐渐向移动端过渡。运营商也盯上了这一领域，飞信以免费短信为切入点进入 IM 市场，火爆一时。不过由于该时期 SNS 发展迅猛，微博、开心网等迅速崛起，对 IM 市场产生了分流的作用，降低了 IM 用户的活跃度。

移动端发展期（2010~2014 年）：随着移动互联网的发展，IM 在移动端的布局逐步成熟，开始进入移动互联网市场。终端厂商，如苹果，开始推出各自的 IM；移动端逐步平台化，建立了以 IM 为入口的生态系统，如微信；此外，IM 在移动端的功能逐步完善，语音/视频/图文短信息、视频/音频聊天通信等功能吸引了更多的用户；另外，基于位置的服务、二维码扫描技术的发展以及手机移动支付也让 IM 建立的生态系统与用户的日常生活无缝连接。

未来，随着IM在移动端的强势崛起，以及移动互联网的蓬勃发展，IM移动端用户群体将更加壮大。而PC端由于设备本身具有不便利性，IM用户数量将减少（目前，IM移动端用户已赶超 PC 端）。另外，IM 将整合用户生活中的各种服务，逐步形成集吃、喝、玩、乐、衣、食、住、行为一体的互联网、物联网的综合性平台，目前微信平台已初步具有该雏形。此外，随着技术的进一步发展，IM中的视频、音频功能将逐步加强，让用户能够体验到更多个性化的服务。

4.6 Web2.0时代的特点

中国互联网协会于 2006 年 2 月赋予了 Web2.0 一个比较具有概括性的定义，认为Web2.0是互联网理念和思想体系的一次升级换代。相对于 Web1.0 时代自上而下由少数资源控制和集中主导的互联网体系，Web2.0转变为自下至上的由广大用户的集体智慧和力量主导的互联网体系。中国互联网协会还再三强调，Web2.0时代的动力来源是广大用户，主导权应该交还给使用者，从而充分发挥个人的积极性，释放个人的创造力和贡献潜能，使得互联网的创造力得到质的提升。蒂姆·奥莱利（Tim O'Reilly）通过对互联网上新技术应用的详细分析，又对 Web2.0 的特点做了进一步概述。他认为 Web2.0 时代主要具有七大原则：将互联网作为平台；充分利用集体智慧；建设有价值的特色数据；终结软件发布周期（“永远的测试版”）；轻量型编程模型可行；编制非单机版的软件；具备丰富的用户体验。围绕这七大原则，蒂姆·奥莱利进一步提出一个核心的原则是“用户越多，服务越好”，要充分利用 Web2.0 中用户的力量，将网络的各个边缘连接起来。

整体来看Web1.0时代与Web2.0时代具有以下显著的区别，见表4.1。

表 4.1 Web1.0 与 Web2.0 的区别

视角	Web1.0	Web2.0
本质	软件	服务
交互方式	读/接收	写/创造
服务方式	网站对用户	P2P
发布方式	经营发布	大众参与
信息单元	网页	张贴的信息/记录
分类	目录	公众分类标签
内容管理方式	内容管理系统	维基方式
应用	个人网站	播客
潜在价值	页面浏览数量	每次点击的成本
扩展服务	屏幕抓取	网络服务
内容深度	黏性	聚合
链接方式	域名	搜索引擎优化
代表性网页	大英百科全书在线	维基百科

对这 13 个类别进一步地提炼和整合，可以发现 Web2.0 具有五个主要的特点。

（1）用户参与网站内容制造。在 Web2.0 模式下，用户可以不受时间和地域的限制，分享各种观点，同时也可以发布自己的观点。用户既是网站内容的浏览者也是网站内容的制造者。如博客网站和 Wiki 就是以“用户创造内容”为指导思想的典型例子。而 Tag 技术（用户设置标签）将传统网站中的信息分类工作直接交给用户来完成。

（2）Web2.0 更加注重交互性。Web2.0 时代的交互性不仅表现在用户发布内容过程与网络服务器之间的交互，也表现在同一网站不同用户之间，以及不同网站之间信息的交互。

（3）网页设计更加符合万维网标准。Web2.0 的网页设计更加规范，摒弃了 HTML4.0 中的表格定位方式，应用“CSS+DIV”模式，使得网站设计代码规范化，并且减少了大量代码，减少了网络带宽资源浪费，加快了网站访问速度。更重要的一点是，符合万维网标准的网站对于用户和搜索引擎都更加友好。

（4）平台的开放和信息的聚合。Web2.0 的平台对于用户而言是开放的，而且用户因为兴趣而保持比较高的忠诚度，他们会积极地参与其中。另外，用户之间也会因为兴趣形成聚合，进而在无形中形成一个个细分市场。

（5）Web2.0 的核心突破是思维的突破。尽管 Web2.0 时代也有一些典型技术的诞生，但技术只是达成某种目的的手段，与之相对应的注重用户个人体验和人与人之间交流的思维创新才是 Web2.0 时代最大的创举。因此，与其说 Web2.0 是互联网技术的创新，不如说是互联网的指导思想的革命。

第 5 章　Web3.0 时代

关于 Web3.0，目前行业内没有统一的定义和标准，因为 Web3.0 一词本身也包含多重含义，比如包括跨浏览器、超浏览器的内容交互，用户可在不同的网站上整合、使用自己的互联网数据等内容。但不管怎样，有关 Web3.0 相关技术和未来发展模式的争论和探讨如今已经进入了白热化阶段。

互联网之父蒂姆・伯纳斯・李认为 Web3.0 时代就是语义网络（semantic network）的时代，你可以利用这张覆盖大量数据的语义网络访问数据资源，并智能化你的生活；雅虎公司创始人杨致远则认为 Web3.0 时代是一个互联网成为真正的公共载体的时代，网络的力量将更加深化，专业、半专业和消费者的界限会越来越模糊，创造出一种商业和应用程序的网络生态；网飞（Netflix）创始人里德・哈斯廷斯（Reed Hastings）则进一步阐述 Web3.0 时代应用的开发将有所不同，应用可以被拼凑而出，同时程序相对较小，数据存储在云中，应用可以在任何设备上运行，应用也可以像病毒一样快速地扩散。

其实无论有关 Web3.0 的争论多么的激烈，都可以将其归纳为三个统一的特征：①网站内信息可以直接和其他网站信息进行交互，因而能通过第三方信息平台同时对多家网站信息进行整合使用；②用户在互联网上拥有自己的数据，并能在不同的网站上使用；③完全基于万维网，用浏览器即可实现复杂的系统程序才具有的功能。总体而言，Web3.0 不仅仅是一种技术上的革新，更是以统一的通信协议，通过更加简洁的方式为用户提供更为个性化的互联网信息资讯定制服务。Web3.0 将会是互联网发展中由技术创新走向用户理念创新的关键一步。

5.1　Web3.0 技术预测

5.1.1　互联网的数据库化

迈向 Web3.0 的第一步是数据网络（data network）这一概念的体现，结构化数据集以可重复利用、可远程查询的格式公布在网络上，比如标准通用标记语言下的一个子集 XML、RDF 和微格式。最近 SPARQL 的发展为网络上以 RDF 格式配发的数据库提供了一套标准化的查询语言和应用程序接口。数据网络将数据契合和应用程序互用性推上新台阶，使数据像网页一样容易访问和链接。

在数据网络时代，重点主要是如何以 RDF 的方式提供结构化的数据。全语义网时期会拓宽语义范围，这样结构化、半结构化甚至零散的数据内容（比如传统的网页、文档等）都能以 RDF 和 OWL[①]语义格式的形式普遍存在。

5.1.2 操作系统的云端化

随着浏览器的快速发展，网络操作系统也会逐步地云端化。谷歌为了顺应虚拟操作系统（WebOS）的潮流，很早就开发出了 Chrome，为未来的产品开发埋下了伏笔。而 2010 年，腾讯上线了新产品，即属于腾讯自己的 WebOS，它是腾讯其他副产品的高度集成。至此，B/S[②]系统才真正地应用到了软件产品中。有朝一日，网络应用程序可以代替桌面应用程序。未来的 PC 只需要一台显示器就足以满足用户的所有需求。虽然 WebOS 并不是一个新的概念，但是国内这样的产品并不多，网络应用程序屈指可数。Web3.0 将允许用户定制自己的应用程序，而这些应用程序理所当然也是接入到泛型数据库和统一数据格式中的。那时，所有的用户都只需要在浏览器操作数据，而不需要通过应用程序。

5.1.3 互联网的语义网化

语义网是对当前 Web 内容组织方式的一种颠覆。目前互联网上的信息绝大多数都是以 HTML 格式编写的。作为内容的载体，HTML 将各个网站背后数据库中隐藏着的结构化信息编码变为浏览器能够解析的 HTML 代码，最终解析为人类可读的信息。但在这个过程中浏览器并不知道网页内容的真正含义，只知道如何解析。这种内容组织方式存在一个非常大的局限：真正在互联网上能够被共享的信息绝大多数都是半结构化的 HTML 内容，要整合利用海量的信息必须通过自动化的手段，但机器又难以理解 HTML 中人类实际阅读的内容。所以现在各种自然语言处理、人工智能的方法被广泛应用于互联网内容的处理，力图让机器还原各种数据之间的关系，更智能地对其加以组织利用。

而语义网则逆向求解，从源头来解决这个问题：不用机器来做基于人工智能的识别，而是在提供内容的时候，就用明确的、机器可读、有标准语义可依的方式来将所提供内容的语义描述清楚。这种方法通过建立完善的机制来描述互联网上的各种资源，在资源的标准化描述之上，建立标准的语义推理以及信任体系，为各种智能体（intelligent agent）提供可靠的信息、标准化的交互模式，从而改变人们访问 Web 的方式。比如，当你牙疼要看牙医时，智能体会自动检查你的日程安排、寻找合适的牙医、在诊所的智能体上进行自动登记，为你安排出行。

---

① Web ontology language，万维网本体语言。

② browser/server，浏览器/服务器。

5.1.4 人工智能的网络化

Web3.0也被用来描述一条最终通向人工智能的网络进化道路，人工智能最终能以类似人类的方式进行思考。同时，互联网会依靠分布式计算领域的最新进展，实现真正的人工智能。在分布式计算中，几台计算机共同处理一项庞大的任务，其中每台计算机负责处理整项任务中的一小部分。一些人认为，互联网会拥有思考能力，因为它能把任务分配到成千上万台计算机上，还能查询深层本体。这样互联网实际上会变成一个巨大的脑部组织，能够分析数据，并根据这些信息得出新的想法。

一些人对此却表示十分悲观，认为这是不可企及的设想。然而，像IBM和谷歌这样的大公司已经在使用一些新技术，例如通过挖掘学校音乐网站的数据来预测未来的热门单曲。同时也有人提出智能系统也许会成为Web3.0背后的推动力，拟或人工智能最终会以类似于人的形式出现。

5.1.5 网络显示的3D化

从Web1.0到Web2.0，随着AJAX（asynchronous JavaScript and XML，异步JavaScript和XML技术）的不断完善和发展，产生质变的不仅仅是内容产生的方式，也包括用户体验。但是在Web3.0的时代，前端的显示可能是颠覆性的。它将以3D的方式将内容呈现在用户的面前。这样飞跃式的进步已经不仅仅是改进用户体验了，可以说是从根本上改变了人机交互的形式。我们将来看到的是Web 3D，而不是Web3.0。互联网把虚拟现实（virtual reality，VR）元素与大型多人在线角色扮演游戏的在线世界结合起来，最后可能会变成融入了立体效果的一种数字环境。你可以从第一人称的视角或通过你本人的数字化呈现（即化身），徜徉于互联网世界中。

当然了，现在我们要体验3D效果都必须戴上特制的眼镜。在未来，出售显示器的时候配送一副这样的眼镜，也不失为一个好主意。无论如何，Web3.0必须以全新的方式来显示其内容。

5.2 Web3.0时代特点

如果说Web1.0带来了静态网站的兴起和无处不在的浏览器，那Web2.0则是以Web1.0作为基础架构，添加了社交层，引入了人的因素（即人与人的网络）。根据众多互联网专家的预测，到Web3.0时代，网络程序将连成一个整体而且会更加智能化，网络将成为用户需求的理解者和提供者，最终进行资源筛选、智能匹配，直接给用户答案。因此，内容聚合的有效性、信息服务的普适性、用户体验的个性化和数字内容的安全性都将成为Web3.0时代的特点。

5.2.1　内容聚合的有效性

Web3.0 将应用 Mashup 技术对用户生成的内容信息进行整合，使得内容信息的特征更加明显，便于检索；将精确地阐明信息内容特征的标签进行整合，提高信息描述的精确度，从而便于互联网用户的搜索与整理。同时，对于用户生成内容（user generated content，UGC）的筛选性过滤也将成为 Web3.0 不同于 Web2.0 的主要特征之一。Mashup 技术能够对互联网用户的发布权限进行长期的认证，对其发布的信息做不同可信度的分离，可信度高的信息将会被推到互联网信息检索的首项，同时提供信息的互联网用户的可信度也会得到相应的提高。

最后聚合技术的应用将在 Web3.0 模式下发挥更大的作用，Tag/ONTO/RSS 基础聚合设施、渐进式语义网的发展也将为 Web3.0 构建完备的内容聚合与应用聚合平台。Web3.0 将传统意义的聚合技术和挖掘技术结合起来，创造出更加个性化、搜索反应更加迅速、准确的“Web 挖掘个性化搜索引擎”。

你知道吗？

Widget 应用小插件

Widget 是一种插入到网页中的小型应用程序，这些应用程序包括游戏、新闻定制、视频播放器等，人们只需要通过拷贝或在网页代码中嵌入代码行的方式就能将它们插入到网页中。一些互联网人士预测，在 Web3.0 时代，用户只要点击鼠标，然后将几个图标拖到网页上的一个小框里就可以创建聚合应用，将这些小插件整合到一起。如果用户对网络上新闻事件发生的地点感到好奇，用户只需要将新闻定制图标和谷歌电子地图图标拖到同一个小框里便可以实现。这是 Web3.0 发展的蓝图，它最终会通过什么样的技术手段实现呢？目前，尚未有明确答案。

5.2.2　信息服务的普适性

Web3.0 时代网络服务将更好地匹配各个智能终端，从 PC、手机、掌上电脑、机顶盒到专用终端，种类繁多的终端设备能让用户随时随地享受网络服务。现有的 Web2.0 只能通过 PC 终端应用在互联网这一单一的平台上，任何新的移动终端开发与应用都需要新的技术层面和理念层面的支持。而 Web3.0 将打破这一僵局，各种终端的用户群体都可以享受到在互联网上冲浪的便捷。

你知道吗？

网络载体的多样化

未来网络的载体将不再局限于计算机和手机，从手表、电视机到服装（事实上，目前市面上已经出现了这些与互联网连接的产品形态），几乎所有东西都可以与网络连接。用户可以与网络保持稳定连接，软件代理商将通过电子产品更多地了解每个用户。到那时，如何在个人隐私和个性化网络浏览体验中保持平衡可能会成为人们争论的焦点。

5.2.3 用户体验的个性化

Web3.0延续了Web2.0的以人为本、以用户为中心的特点，重视用户的个性化偏好。Web3.0在UGC筛选性过滤的基础上同时引入偏好信息处理与个性化引擎搜索技术，对用户的行为特征进行分析，既寻找可信度高的UGC发布源，同时对互联网用户的搜索习惯进行整理、挖掘，得出最佳的设计方案，帮助互联网用户快速、准确地搜索到自己感兴趣的信息内容，避免了大量信息带来的搜索疲劳。

个性化搜索引擎以有效的用户偏好信息处理技术为基础，通过分析用户的互联网足迹（用户进行的各项操作）以及用户提出的各种请求，来分析用户的偏好。最终将得出的结论归类到一起，在某一内容主题（如体育方面）进行搜索，再将搜索的聚合内容推送给用户，以更好满足其搜索、浏览的需要。

你知道吗?

Kngine

Kngine是一个Web3.0搜索引擎，类似于创新版的语义搜索引擎和问答引擎的结合，用来提供个性化、有意义的检索结果。例如，搜寻关键词/内容的语义信息，回答用户的提问，提供事件列表，发现关键词/主题词之间的关系，并把不同类型的相关信息链接到一起，如电影、字幕、相片、销售价格、用户评论、相关报道等。

5.2.4 数字内容的安全性

Web3.0将建立可信的SNS、可管理的VoIP[①]与IM、可控的Blog/Vlog/Wiki，实现数字通信与信息处理、网络与计算、媒体内容与业务智能、传播与管理、艺术与人文的有序有效结合和融会贯通。

Web3.0模式下可管理的VoIP与IM将为互联网用户创造更加方便快捷的服务方式，信息的筛选将更加符合人类对优质可靠信息的需求，也将与信息发布者的各个方面连接起来，形成良性的循环系统。可信度越高、信用度越好的用户所发布的信息将会被优先置顶，这种规则既提高了信息源发布者的可信度，同时使这些有用、真实的信息更快地出现在用户的面前，减少信息查找的损耗时间，提高信息的使用率，发挥信息的最大作用。

Web3.0模式下可控的Blog/Vlog/Wiki，同样能提高信息的利用率和信息查找的便捷度。在Web2.0模式下，用户信息的发布缺乏科学规则，用户随意发布的Blog/Vlog/Wiki使得网络上堆积了大量杂乱无章的信息，造成用户在搜索相关信息时极为不便，阻碍社

① voice over internet protocol，基于IP的语音传输。

会效率的提高。因此，Web3.0 提出了“可控”这一概念，将信息的发布与使用连接起来。如果想搜索到可信度高的信息，可以点击可信度高的用户撰写的 Blog/Vlog/Wiki，实现可信内容与用户访问的对接。

你知道吗?

Web2.0 的信息安全问题

Web2.0 模式下，通过在网络上的 SNS 平台注册结交朋友这一途径，并不能确保注册信息的可靠性和有效性，它只是简单地将人与人通过互联网这一平台连接起来。交际圈的扩展并不一定会满足利益的需求，相反可能会带来一些不良的结果，比如自身信息的外泄、不可靠信息的泛滥，这种结果与人们利用互联网来扩展交际圈的初衷相悖。Web3.0 可以很好地解决这个问题，因为在 Web3.0 情境下，用户必须通过严格的信息核查与认证，高可信度的信息发布源为以后交际圈的扩展提供了可靠的保障。与此同时，人们可以根据更加精准的匹配，找到需要的资源，从而高效高质地完成社交的扩展。

参考文献

陈登超，吕建新. 2012. 基于 OTN 的分组交换技术的研究. 光通信技术，36（5）：1-3.

陈立华，徐建初. 2005. Wiki：网络时代协同工作与知识共享的平台. 中国信息导报，（1）：51-54.

程慧. 2015. 移动互联网的秘密. 北京：北京邮电大学出版社.

戴维. 1996. 浏览器技术的过去现在和将来. 中国金融电脑，（6）：72.

科普中国. 2016. 互联网的诞生：人类社会因此而深刻改变. https://www.kepuchina.cn/3kpzg/xyyz05/201607/t20160701_12812.shtml[2020-06-06].

李湘媛. 2010. Web3.0时代互联网发展研究. 中国传媒大学学报：自然科学版，17（4）：54-56，62.

梁振军，梁波. 1991. 计算机互联网络技术与 TCP/IP 协议. 北京：海洋出版社.

刘润达，李爽，卢鹤立. 2006. Web2.0 及其对互联网的影响. 现代计算机，（8）：57-60.

孟开元. 2006. 以太网的历史、现状及未来发展技术. 中国科技信息，（11）：185-186.

王海涛，付鹰. 2010. 即时通信——原理、技术和应用. 信息通信技术，4（3）：34-40.

王启云. 2006. 基于 Web2.0 的网络信息传播技术与数字图书馆. 数字图书馆论坛，（11）：69-72.

伍宪，陈大庆. 2007. Web2.0 的特征、技术及影响. 中国图书馆学会专业图书馆分会 2007 年学术年会.

向阳. 2011. Web1.0 与 Web2.0 比较研究. 计算机光盘软件与应用，（3）：8.

杨光友，张道德，周国柱，等. 2002. 一种基于分时操作系统原理的单片机控制系统. 湖北工业大学学报，17（1）：4-7.

徐继扬，张和魁. 1990. 超级卡片软件系统 HyperCard. 计算机世界月刊，（8）：7-9.

已可. 2000. 应运而生，一鸣惊人——yahoo!创始人杨致远的创业史. 电脑校园，（2）：49.

余晨. 2015. 看见未来. 杭州：浙江大学出版社：8-18.

Abramson N. 1970. The aloha system：another alternative for computer communications. Proceedings of the Fall Joint Computer Conference：281-285.

Kelly K. 1995. Out of Control：The New Biology of Machines，Social Systems，and the Economic World. New York：Basic Books.

Khanna S，Sebre M，Zolnowsky J. 1992. Realtime scheduling in SunOS 5.0. Usenix Winter Conference.

第二篇　基于互联网的商业实践

1776年3月，第一台由瓦特制造的实用型蒸汽机在英国布拉姆菲尔德煤矿点火，从此拉开了工业革命的序幕。而世界各国对蒸汽机这一划时代技术的不同态度，也直接影响了这些国家在此后数百年的兴衰沉浮。20世纪中期，在人类发明创造的舞台上，一个可以与蒸汽机相提并论的新事物——互联网，开始崭露头角。

1994年4月20日，中国接入互联网，成为历史上第77个接入互联网的国家。然而，此时的“互联网”却还仅限于专业编程人员使用，没有相关编程知识的普通大众很难进入“互联网”这个技术圈。

如果说被称为互联网之父之一的拉里·罗伯茨让不同计算机之间实现了互联，那么万维网的发明者——英国计算机科学家蒂姆·伯纳斯·李则让互联网真正地走入了普通大众的生活中。蒂姆·伯纳斯·李借助HTTP和HTML让所有人能够在键盘上敲击网页链接，降低了互联网的准入门槛，让互联网可以服务于大众，于是新一轮的“互联网”变革开始了。如果说互联网技术是技术变革，那么互联网本身则创造了社会变革，互联网创造了新的社会组织，即无处不在的社会网络。

如今，一家微博网站一天内发布的信息量相当于《纽约时报》员工辛勤工作60年发布的新闻总和，一个视频网站一天上传的视频可以不间断地播放98年，人类两天创造出来的信息量相当于人类历史留下的全部记忆。伴随着人与人、人与物、物与物之间的连接，伴随着财富、生活、交往、创造、观念的新一轮变革，伴随着商业机构踏入互联网这一新世界，互联网在通信、资料检索、客户服务等方面的巨大潜力不断被开发出来，互联网实现了发展史上的又一新飞跃。

第 6 章　互联网商业化的发展

李江学者总结了我国互联网发展的过程：在改革开放逐步深入的背景下，党和国家开始意识到科技对于我国经济社会发展的重要性，并在 1988 年由邓小平首次提出了“科学技术是第一生产力”的论断。为进一步推动科技进步，促进国民经济发展，同时响应党的口号，号召人民群众支持“科技发展”，我国于 1994 年起开始正式接入互联网，并将其应用于商业中。自 2000 年以来，随着中国互联网应用的多样化和互联网企业的迅速崛起，中国的互联网行业开始在世界上崭露头角。根据搜狐网发布的信息，2015 年全球市值最高的十大互联网公司中，中国就占了 3 个，分别为阿里巴巴、腾讯和百度。这三家公司被网友们合称为 BAT，是中国互联网的三大巨头。如今，我国互联网企业的总市值超过 3000 亿美元，在全球排名前十的互联网企业中有三家是中国企业，互联网大国的地位基本奠定。而在互联网用户方面，2008 年我国互联网用户量达到 2.53 亿，首次超越美国，此后，中国一直保持全球最大的网民规模。

6.1　为什么会出现互联网商业化

每一个新时代的诞生总会伴随着资源与技术的竞争，第一次工业革命带来了蒸汽机和火车，让不同城市之间的联系更加紧密，同时也导致煤炭资源和城际交通成为城市发展竞争的关键因素；第二次工业革命带来了石油、汽车和电子通信技术，让不同大陆之间的交流成为现实，却导致石油资源和通信技术成为无线电通信竞争的关键因素；而互联网的诞生所引起的第三次工业革命，则使得人与人之间能够随时沟通交流，却也令“信息传播”成为互联网通信竞争的关键因素。然而竞争是时代进步的必要条件，没有竞争就没有进步。而企业间竞争的有效手段就是商业化，因此，从革命的本质来看，互联网最终走向商业化是必然选择。

人类文明的发源总是在河流附近产生，这不仅是源自生产的需要，也是由于社会交往和交通运输的需要。互联网的本质在于分享与互动，其引发的社交革命跨越了时间和空间的距离，极大地提升了社会沟通效率，促进了人类文明水平的提升。因此，从社会进步和人类需求的角度来看，互联网最终必然走向商业化。

美国互联网商业化进程先于我国，最初的互联网商业化竞争出现在网景和微软之间。两家公司各自推出了自己的浏览器，拉开了互联网商业化竞争的序幕。

网景公司的图形浏览器被认为是世界上第一个商用浏览器。1995年8月，网景在华尔街上市。华尔街日报对此事评论道：“通用动力公司（General Dynamics）花了43年才让其市值达到了27亿美元，而网景‘只用了大约一分钟’。”网景的上市不仅使其自身成为行业内的巨头，也向整个商界证明，借助互联网的商业发展模式可以获得巨大成功，这成为互联网商业化的开端。

你知道吗？

第一代浏览器的争夺

1994年12月15日，网景浏览器1.0正式版发布。网景浏览器采用共享软件[①]的方式销售，很快获得了市场的认可。之后网景公司开始尝试开发一种可以让用户借助浏览器实现网络操作的应用系统，该做法引起了微软公司的关注。由于担心网景可能威胁到微软的操作系统和应用程序市场，微软买下了网景主要竞争对手“Mosaic”的版权，并以此为基础开发了Internet Explorer，即强大的IE浏览器来布局浏览器市场。从此，双方在浏览器领域展开了激烈的竞争。

从某种意义上讲，网景浏览器的兴起也标志着互联网的兴起。仅仅推出4个月，网景浏览器便出现在了 600 万台连接到互联网的电脑上，市场份额更是扩张到了惊人的75%。纵观人类历史，从未有哪个商品或服务能够具有如此快速的扩张速度。网景的快速崛起第一次向人们展示了互联网的强大魅力，同时也让人们见识到互联网技术所特有的快速积累财富和迅速扩大规模的能力。从此，互联网开始过渡到以普通人群为主体的时代。在互联网诱人的商业魅力的吸引下，勇敢无畏的创业者和投资家们蜂拥而至，这使得互联网迅速向其他领域延伸和扩张。

然而到了21世纪，网景公司的市场份额却从20世纪90年代中期的90%急速滑落到1%，导致这一结果的最直接因素是微软采取的操作系统捆绑 IE 浏览器的垄断行为。不过，著名的中国专业开发者社区（Chinese Software Developer Network，CSDN）中发表的一篇博客则提出了另一种观点。该文的作者认为，企业还应从网景公司市场份额的急剧变化中吸取一些深层次的教训：如果某家更大规模的公司意欲进军自身所在的市场，小规模的公司不要妄想能打败大公司，或许应该创造性地转变现有发展战略，寻找一块利基市场[②]并从中突围。

6.2 网络经济的出现

在人类发展史上，尚未出现过像网络信息技术一样，对人类历史产生如此深远影响的科技革命。网络信息技术催生的网络经济推动全球生产总值高速增长、社会生活质量

① 共享软件是以“先使用后付费”的方式销售的享有版权的软件。

② 利基市场是在较大的细分市场中具有相似需求的一小群顾客所占的市场空间。大多数成功的创业型企业一开始并不在大市场开展业务，而是通过识别较大市场中新兴的或未被发现的利基市场而发展业务。

迅速提升、国家经济结构有效改善、企业组织形态快速变革，使社会活动和个人需求得到充分满足。从 20 世纪 90 年代开始，随着信息技术设施、通信设备、软件和服务器的广泛应用，信息、物质和资源在世界范围内变得更容易分享。

吴君杨在其博士学位论文中提出，根据研究对象的不同，网络经济的研究可以分为两大类：第一类是信息网络的经济化研究，即把网络作为一种高效的信息传递处理工具，研究网络给人们经济生活方式带来的影响，并在此基础上考量网络对整个经济生活的影响；第二类是信息网络的产业化研究，即把网络经济作为一种产业经济来研究，探讨网络经济产业领域内各种问题的解决方法。本节从这两个角度出发，结合吴建根的《美国网络经济发展研究》，回顾和分析人们对网络经济所做的研究。

6.2.1　信息网络经济学

信息网络的经济学研究将网络作为信息传递、处理和存储的工具，并重点研究该工具在经济领域的影响，进而探究互联网经济的发展和运行规律。随着互联网在各个领域的深入和融合，互联网的商业化和平民化推动其逐渐成为大众关注的重点。美国经济学家迈克尔・贝耶（Michael Baye）和约翰・摩根（John Morgan）在 *The Economics of E-Commerce* 一书中就提出了“电子商务经济学”的概念，并指出电子商务以信息网络作为载体，进行交易活动，具有低成本、准时效、高效率等特点，与传统交易方式有很大的差异。

6.2.2　网络产业经济学

网络产业经济学主要以网络产业作为研究对象，从经济学角度阐释网络产业的发展问题，其研究内容涵盖了硬件产业、软件产业，也包括对电信、电力、交通等具有网络结构的基础设施产业进行的经济学研究。借助对上述产业的深度剖析，学界和业界能够进一步了解网络活动对厂商经营活动的影响，进而深层次地理解网络活动的产业化本质。

国外学者马库斯・赫特（Markus Hutter）[①]对网络商业化进行了更为细致的研究，并依据网络化产品和服务的类型将其划分为三大类：第一，使用网络本身的服务，如网络通信；第二，构成网络或者通过网络传输的产品及服务，如网络文学；第三，使用网络执行订购或广告等任务的商品或服务，如电子商务。赫特认为互联网价值的增长吸引了试图将价值转化为货币收入的供给双方，从而使网络的商业化成为网络扩张的必然结果；在互联网影响下，这些价值观成为个体生活的一部分，个体改变自己的价值尺度或秩序，并帮助互联网持续扩大。

---

① The Commercialization of the Internet：A Progress Report. https://citeseerx.ist.psu.edu/viewdoc/download?doi=10.1.1.92.384&rep=rep1&type=pdf.

6.3 网络经济的发展

众所周知，互联网知识经济是以电脑、卫星通信、光缆通信和数码技术等为标志的现代信息技术和全球信息网络“爆炸性”发展的必然结果。在互联网知识经济的条件下，信息技术和信息网络的发展使得信息化和全球化成为当前经济发展的两大趋势，而现代信息技术发展下的网络经济也让人们处理和利用信息的效率和能力得到极大提升。在当前网络经济下，科技开发速度和创新步伐不断加快，科技成果的转化效率也逐渐提高，全球经济平稳而高速地发展。

网络经济指的是一种以互联网为基础，以现代信息技术为核心的新经济形态，它不仅囊括了以计算机技术为中心的新兴技术产业，也包括了利用高新技术进行发展的传统产业。也有人把网络经济理解为一种独立于传统经济之外、与传统经济完全对立的纯粹的“虚拟”经济，然而这种理解并不全面，它忽略了借助互联网发展的传统经济。实际上，网络经济是一种在传统经济基础上产生的、经过以计算机为核心的现代信息技术提升的高级经济发展形态。

当然，网络经济发展的核心动力仍然与人们卓越的创造力息息相关。纵观网络经济的发展历史，很多具有代表性的创意都源于人们生活中的灵光一现。比如，世界上第一封电子邮件的诞生，就是源于软件工程师雷·汤姆林森（Ray Tomlinson）试图通过网络与朋友隔空聊天的想法；第一家拍卖网站 eBay 网的诞生，源于热恋中的皮埃尔·奥米戴尔（Pierre Omidyar）为了帮助女友实现收集天下糖果盒的愿望；世界上第一个网络摄像头的诞生，则源于剑桥大学的学生们希望可以随时了解楼下咖啡壶里的咖啡是否还有剩余的想法。由此可见，创新来源于生活之中，诞生于平凡大众之中，并在个人追求卓越和力争完美的道路上转化为价值源泉。

6.4 网络经济的基本特征

与传统经济相比，网络经济具备更多的优势。结合现有研究以及诸多学者的观点，笔者将网络经济的特征归纳为：便捷性、直接性、渗透性、可持续性和创新性。网络经济正持续地影响着人们的生活，它的一些特点已被人们完全接受，另一些特点则处于适应阶段。无论如何，网络经济已经渗透到人们的日常生活中，成为现实经济中不可分割的一部分。

6.4.1　便捷性

互联网的便捷性体现在它打破空间的限制，从真正意义上实现了自由便捷的跨区域交流、全球化的万物互联。

首先，互联网突破了传统的国别、地域限制，并借助网络将整个世界连接起来，把地球变成了一个“村落”；而在网络世界中，人们也打破了种族、性别、国家、文化、职业等的限制，实现了自由的交流和沟通。

其次，互联网打破了时间的限制，即时通信技术的发展使得信息能够在一瞬间传输给信息接收者。相较基于有限时间和传输速度的传统经济，网络经济借助其即时传输的优势，实现了 24 小时不间断连轴运转，更快速、更高效地向前发展。

再次，网络经济收集、处理和应用信息的速度接近实时水平，在这一背景下，信息交换的节奏显著加快。如果说 20 世纪 80 年代是注重质量的年代，20 世纪 90 年代是注重再设计的年代，那么，21 世纪的前 10 年则是注重速度的时代。因此，网络经济也催生了一种新经济形态——速率型经济。

最后，网络经济从本质上说实现了经济的全球化。借助信息网络的优势，网络经济在突破时间和空间限制的前提下，最大化地拓展了市场和经济活动的范围，让各国之间经济发展紧密相连，最终促使经济全球一体化得以快速实现。在全球经济一体化的背景下，各国经济相互联系、相互制约，这促进了产品的升级和人民生活水平的不断提高；而全天候的经济运营，也促进了物品的流通和经济的发展。

6.4.2　直接性

学者乌家培研究了网络经济及其对经济理论的影响。他发现网络经济减少了商品流通的环节，使得供应链两端——商品的生产者和消费者能够直接联系彼此。从经济发展的历史来看，农业经济时期，商品流通属于直接经济；工业经济时期，商品流通中的大部分环节属于间接经济；而到了网络经济时期，商品流通则再次回归到了最初的直接经济。网络经济时代的直接经济交流简化了工业经济时代曲折迂回的多层网络供应链模式，使得商品流通的流程更加简洁、流动更加快速。尽管信息网络化在发展过程中会不断地突破和创新传统流程模式，逐步完成对经济存量的重新分割和增量分配原则的初步构建，并对信息流、物流、资金流之间的关系进行历史价值重构，但也不排除因网络市场交易的复杂性而出现专业服务中介的可能性。

你知道吗？

网络经济的影响

根据网易科技总结的波士顿咨询集团（The Boston Consulting Group，BCG）互联网经济调查报告，2010 年中国互联网经济价值就达到 3260 亿美元，占 GDP（国内生产总值）的比重达到 5.5%，位居全球第三；韩国互联网经济价值占 GDP 的比重为 7.3%，位居全球第二；英国互联网经济价值达到1210亿英镑，占GDP的比重为8.3%，居于全球领先位置。

从产业的角度来看，互联网是英国的第五大产业，其规模甚至超过了保健、建筑和教育领域；而在中国、韩国，互联网则属于第六大产业。从经济体量来看，如果把互联网当成一个国家经济体，互联网已成为仅次于美国、中国、日本以及德国的全球第五大经济体。互联网在经济中的高占比得益于全球消费水平的提升，而BCG大中华区董事总经理也认为“消费”是大多数国家互联网经济增长的主要驱动因素。

6.4.3 渗透性

网络经济的渗透性具体表现在以下三个方面：首先，网络经济是虚拟经济，与证券、期货等虚拟资本交易经济不同，这里的虚拟经济指利用虚拟网络，在信息网络构建的虚拟空间中进行的经济活动，它与网外的物理空间中的现实经济是互相依存、互相促进、共同发展的；其次，网络信息产业在日新月异的网络信息技术的推动下高速发展，同时随着网民总量的增加，网络已与人们的生活密不可分，巨大的利润空间促使产业间的融合和发展速度不断提升，网络经济加速向周边产业渗透；最后，迅速发展的信息技术和网络技术本身便具有极强的渗透性，促使信息服务业迅速地向第一、第二产业扩张，模糊了三大产业之间的界限，出现了第一、第二和第三产业相互融合的趋势。

美国著名经济学家马克·波拉特（Mark Porat）在1977年发表的《信息经济：定义和测量》（The information economy：definition and measurement）中，首次采用四分法把产业部门分为农业、工业、服务业、信息业。产业部门的四分法表明信息产业作为网络经济的重要组成部分，已经广泛地渗透到传统产业中，因此对于传统产业，如商业、银行业、传媒业、制造业等而言，利用信息技术和网络技术迅速实现产业内部的升级改造，以迎接网络经济带来的机遇和挑战，是一种必然选择。

此外，信息技术的高渗透性还催生了以光学电子产业、医疗电子器械产业、航空电子产业、汽车电子产业等为代表的新兴“边缘产业”。以汽车电子产业为例，汽车电子装置在20世纪60年代出现，70年代中后期发展速度明显加快，80年代已经形成了统称为汽车电子化的高技术产业。由此可见，网络信息技术推动了产业间的融合并提升了新产业的发展速度。

6.4.4 可持续性和创新性

网络信息的可复制性和零消耗性赋予其可持续发展的特性。在信息时代，信息出售者借助信息资源的可复制性，实现信息的多次重复出售，进而扩大信息流传广度并降低信息的流传成本。录音、录像、复制、电子计算机、网络传统技术的快速发展促使信息资源的再生能力不断提升，进而为信息资源的共享创造更便利的条件。此外，信息资源具有信息复制和传播过程中零消耗特点，这无疑降低了信息产品多样化的成本，促进信息产品实现低成本甚至零成本的多样化发展，使低成本的非规模经济得以实现。另外，网络经济能有效避免传统工业生产对有形资源、能源的过度消耗，有效解决环境污染、生态恶化等环保问题，实现社会经济的可持续发展。

网络经济的创新性则以可持续性为依托，借助网络经济发展快速的特点，在技术创新日新月异的形势下，实现网络经济的制度、组织、管理、商业模式的快速发展和创新。具体而言，网络经济的持续性特点，促使其能够实现"实时接收和处理"网络信息的特点和功能，大幅提高了信息传输和交流的速度，使得经济发展的节奏持续加快，产品和服务创新的周期明显缩短。

周建（2001）阐述了网络经济与企业战略创新的关系，认为网络经济的可持续和创新性迫使处于该环境下的企业做出相应的创新性改革来应对竞争挑战。作为社会经济微观主体的企业，需要持续和间断相结合的非线性战略创新，主动革新企业的竞争方式，获得持续的核心竞争优势，依赖"共同进化"的战略机制，保持企业竞争实力。

你知道吗？

柯达的辉煌与失败

1881 年，乔治·伊士曼（George Eastman）成立了柯达公司，20 世纪初，柯达成功打入南美和亚洲市场。1908 年，柯达的全球雇员超过 5000 人，1930 年，柯达在全球摄影器材市场中份额达到 75%，利润约占这一市场的 90%。

1975 年，柯达应用电子研究中心的美国工程师史蒂文·萨松（Steven Sasson）发明了世界上第一台数码相机，彻底颠覆了摄影的物理本质。同年，柯达垄断了美国 90% 的胶卷市场以及 85%的相机市场份额。不管从哪个角度来看，在当时的相机市场，柯达都具有先行者的优势。然而一次战略失败，让柯达彻底失去在数码相机领域的优势。

中国经济网总结了柯达在摄影市场失败的原因。在一次战略布局中，柯达管理层认为数码相机技术带来的利润远远少于传统胶卷市场带来的利润，因此继续研发新技术不如转为扩大对传统技术的投资。于是，柯达放弃了对数字技术市场的投资，并加速了传统胶卷技术的扩张。截至 2002 年底，柯达彩印店在中国的数量达到 8000 多家。然而，随着数字技术的发展，数码相机很快获得了市场的认可，甚至对原有胶卷市场产生了替代品的威胁，而柯达公司失败的战略布局令它错过了数码相机市场，痛失借此新产品调整企业发展方向的大好良机。最终，2012 年 1 月 4 日，柯达收到纽约证券交易所的通知，面临被摘牌的风险。2012 年 1 月 19 日，柯达从市值曾经高达 310 亿美元的公司变成了负债累累的公司并正式提出申请破产保护。

6.5　网络经济的基本规律

网络经济除上述主要特征外，它还具有与传统经济显著不同甚至相反的基本定律和一般规律。主流看法是网络经济存在三大定律（乌家培，2000）。

（1）摩尔定律（Moore’s Law）：1965 年，摩尔提出单片硅芯片的运算处理能力每 18 个月即能翻一番，而价格则会下降一半。实践证明，芯片的处理能力确实以该预测速度发展。现代网络经济下，超大规模集成电路和光纤带宽技术的发展也开始出现类似规律，5G、Wi-Fi 等无线技术的高速发展预示着未来地球将会出现“智能化”趋势。

（2）梅特卡夫定律（Metcalfe’ Law）：梅特卡夫指出网络经济的价值等于网络节点数的平方，因此网络所产生的效益将随着网络用户的增加而呈几何级数增长趋势。在 20 世纪 90 年代，每隔半年网民数量会翻倍，但近些年由于用户总量的限制，网民数量已经增长到一定规模。中国互联网络信息中心（China Internet Network Information Center，CNNIC）发布的第 36 次《中国互联网络发展状况统计报告》显示，截至 2015 年 6 月，中国网民数量较半年前新增 1894 万人，虽未实现翻倍，但仍然是很庞大的数字。

（3）吉尔德定律（Gilder’s Law）：吉尔德认为通信系统的主干网带宽会以半年翻番的速度增长，而传输价格则不断下降，并最终会接近于免费。实际上，我国宽带速度的发展符合该定律，从以前的 K 时代计算到现在 100M 的光纤速度，而价格却不断地下降。

网络经济的三大定律分别从设备成本、用户效应和网络传输的角度揭示网络信息发展带来的经济效应。具体来看，定律一表明支持网络经济的技术支撑和基础设施的成本是无限降低的；定律二和定律三说明网络经济的传播成本呈持续下降趋势，而传播速度则不断提升。这些定律进一步揭示随着网络技术的发展，未来的网络经济将不再受设备成本、信息传输成本和速度的限制。未来，信息的获取、分享所受的束缚将会更少，而商业的发展将具有更多的可能性。

随着网络经济的发展和演变，吴建根在 2012 年又提出了网络经济的两个规律。

（1）马太效应（Matthew Effect）：网络经济中，受人们的心理反应和行为惯性的交错影响，在一定条件下，优势或劣势一旦出现并积累到一定程度，就会呈现不断加剧且自我强化的趋势，导致“强者更强、弱者更弱”的局面。因此，在互联网商业中，通过实施主流化策略和技术创新获取网络市场份额的案例比比皆是。

（2）边际效益递增规律：传统经济中，受管理费用和信息传递不通畅的影响，企业规模扩大时企业的边际效应递减。而网络经济信息传输无阻，信息处理和传递的成本也会随用户增多而不断下降，故而网络信息随着传递规模的扩大而边际效益递增。

综上所述，传统经济的变革离不开以网络技术为核心的网络经济支持。网络技术的支持可以为传统经济创造新的经营方式和创意产品，也可以为其带来更广阔的发展空间和更多的机遇。以纺织业为例，传统纺织业具有劳动力成本高、人员密度大等特点，而网络技术的介入改良了纺织工艺，使得纺织业实现全自动化或半自动化，不仅能够降低人力成本，减少管理环节，还使得生产效率得以提升。随着电子商务广泛应用，网络技术在对传统企业进行变革的同时，也借助网络电商平台的优势，扩大传统产品的销售范围，缩短传统企业的“产—供—销”链，进而降低企业产品交易成本，提升企业经营效益，帮助传统企业实现生产、销售、组织、管理等各个环节的网络化变革。

你知道吗?

微软公司的 Windows 操作系统目前已经占领了全球 PC 市场

微软由美国人比尔·盖茨（Bill Gates）和保罗·艾伦（Paul Allen）于 1975 年创立。1981 年 6 月微软公司正式组建，总部位于美国的雷德蒙德（Redmond）。微软在全球拥有 5 万多名员工，在 60 个国家和地区设有分公司。作为全球最大的软件公司，微软公司一直是新技术变革的领导者。

1980 年，IBM 公司选中微软公司为其新 PC 机编写关键的操作系统软件，这是微软发展中的一个重大转折点。当时由于时间紧迫，微软公司以 5 万美元的价格从一位名叫蒂姆·佩特森（Tim Paterson）的程序员手里买下了磁盘操作系统软件（MS-DOS），而 IBM 的 PC 机的普及让这个操作系统获得了巨大的成功和利润。其他 PC 制造者都希望能与 IBM 兼容，因而这个操作系统成了厂家的标配。后来由于利益冲突，微软与苹果和 IBM 反目，但是微软开发的拳头产品 Windows 系列在操作系统市场依然抢占了大量的份额。

后来，微软公司把浏览器绑定到操作系统上，击败了网景，又开发出 Office 办公软件，在各种各样的网络软件方面也占据着大量的市场份额。正是由于这种行为，微软被美国联邦法庭裁定滥用其在美国的操作系统市场的主导优势。针对这些指控，微软以只是满足客户需求来进行辩护。在 IT 软件行业流传着这样一句话：“永远不要去做微软想做的事情”，可见微软的强大之处，也证实了马太效应“赢者通吃”的道理。

6.6　互联网思维

6.6.1　互联网思维的本质

互联网思维已然成为一个社会热门词汇，究竟什么是互联网思维，不同的学者从不同的学术角度对其本质进行了诠释。李海舰等学者认为互联网思维是一种哲学，是对整个商业世界的一种全新看法或者认识。若将互联网思维划分为三个维度，则分别是：互联网精神、互联网理念、互联网经济。胡启恒则从思想基础、互联网创造者的精神气质和精神元素、互联网的观点变革、互联网的生活方式等角度讨论互联网思维。她认为互联网的创造发明来源于互联网时代的知识共享和开放创新，互联网思维带来的生活方式的改变则基于互联网超越、包容、协同的特质。综上所述，笔者认为互联网思维具备开放、平等、协作和共享的特质。

开放是互联网精神的基础，不仅是物理层面的开放，更多的是精神、思想层面的交流和碰撞：不同地域、不同行业和不同经历的人可以对同一个话题展开激烈的交流和讨论，突破自身思维的局限。平等则是互联网精神的根本，得益于互联网“去中心化”的特质，在网络活动的人群实现了最大限度的平等交流：信息传播和接收的平等、产品购买和交易的平等、言论自由的平等。协作是互联网精神的外在表现，在互联网时代，几乎所有的资源都可以共享，然而并不是所有人都能够有效利用资源，因此应集中自身优势且专注于自己擅长的领域，同时借助网络共享弥补自身劣势，实现优劣互补，同时实现资源配备的最优化。维基百科是互联网协作精神的代表之作，来自全球各地的用户都能在维基上自由平等地编写对应词条，这种集全球所有力量编著形成的百科，也真正地服务于大众。共享是互联网精神的原动力，共享促进资源的均衡分配并提升资源的利用率，而互联网产品“免费+付费”的商业模式，推动其快速发展和扩张。车辆共享推动滴滴、共享单车的诞生，情感共享推动 Facebook、YouTube 的流行，知识共享则推动了在线教育、基础教育的发展。然而，李东升等学者发现现实中互联网发展尚存不尽完善之处，强制性广告、隐私侵犯和信息盗取让人们开始质疑互联网精神。但无论如何，互联网精神实质在于为幸福生活而服务，其开放、平等、协作、共享的四大特征也正是人们自我价值和社会价值的不断延伸，因此在未来的互联网发展中需要不断完善互联网功能，实现互联网精神的本质目标。

开放、平等、协作、共享的互联网精神为市场注入新鲜血液，它一方面打破了虚拟和现实的空间束缚，使人们可以在网络世界中畅游；另一方面也让个人能力得到充分展现。吴峰等学者认为人人都是自媒体，抽象来看人人都是网络节点，因而“我的创造”“我的一切”都是有意义、有价值的；而当人们因为共同价值观聚合在一起，形成组织和团体后，这份力量将进一步壮大，使大众力量对互联网时代企业价值链的各环节的影响得以显著提升，著名的“病毒式营销”就是典型的例子。赵大伟在其著作《互联网思维独孤九剑》中表示，身处互联网时代的企业应该开始逐步意识到用户的重要性，将产品的物理价值根据对应人群进行市场细分，并以用户为中心，持续优化产品与服务，以符合用户需求，改善用户体验。换言之，在互联网时代，要让消费者感受到惊喜甚至震撼，必须把握用户的“痛点”，并充分利用精准算法和微创新个性化地满足用户需求。

6.6.2 互联网思维的理论依据

一些学者认为互联网思维是基于传统商业模式下的创新，属于商业思维的一部分，而其诞生则是依托于相关理论的成熟发展和应用。笔者将在下文中对这些理论进行逐一诠释。

1. 长尾理论

克里斯·安德森（Chris Anderson）首先提出长尾理论，并用来描述亚马逊（Amazon）的商业模式。与传统的“二八理论”[①]不同，长尾理论认为只要产品存储和流通渠道足够多，那些无人问津的利基市场的产品总会存在需求，这些需求是无止境的，甚至其总和可能会超越热销产品的需求总量。以互联网时代的亚马逊为例，亚马逊数据库中储存一首歌只需要几个字节，而近乎免费的渠道销售成本和产品存储成本使得亚马逊可以不断

① “二八理论”是 19 世纪末 20 世纪初意大利经济学家帕累托发现的，他认为，在任何一组东西中，最重要的只占其中一小部分，约 20%，其余 80%尽管是多数，却是次要的，因此称为“二八理论”。

扩大音乐存储量，与互联网平台连接的广大消费者则保证了产品的长尾需求，进而使得产品的长尾衍生出了可以与热销产品匹敌的利润，并促进“消费者长尾”和“需求者长尾”的延伸。Ecast 公司的音乐销售正是利用了“长尾效应”，该公司在其音乐数据库中添加的曲目数量远远超过大部分音乐实体店的曲目数量，这使得产品类目延伸至利基市场和亚文化世界。随着公司曲目涵盖范围的扩大，音乐产品的总销量不断增加，因长尾的存在，非热门音乐的零星销售汇集成可观收益。再看 YouTube，该网站是世界上公认的“长尾典范”——无限多个性需求汇聚在一起便发展成为一个惊人的广阔市场。

长尾理论激活了另一个区别于蓝海战略的商业模式，在顾客成为差异化的“消费者长尾”时，企业可以针对客户开发差异化、个性化的“定制产品”，从而满足细分市场中用户的多样化需求。

2. 大数据管理

刊登在 2008 年《自然》（*Nature*）杂志中的一篇文章[①]中指出：随着信息技术的发展进步，全球信息数据量呈现出前所未有的爆发式增长，大数据时代已经到来。最早提出“大数据时代”这一概念的是全球知名咨询公司麦肯锡（Mckinsey & Company），该公司称：“数据，已经渗透到当今每一个行业和业务职能领域，成为重要的生产因素，人们对于海量数据的挖掘和运用，预示着新一波生产率增长和消费者盈余浪潮的到来。”截至 2020 年年底，全球数据就已经达到了 60 ZB[②]（Zettabyte，泽字节）级别，而这些数据几乎 90%以上都是之前两年产生的。

维克托·迈尔–舍恩伯格（Viktor Mayer-Schönberger）在《大数据时代》一书中提出大数据给人类带来了三个颠覆性的观念转变。①总体数据替代随机采样。在高性能电子技术和集成芯片发展的今天，随机采样不再是一种限制，而总体数据也不再是一种浪费。②大体方向替代精确制导。大数据关注宏观层面发生的事情，而细微差别则需要精确的数据分析。③相关关系替代因果关系。因果关系虽然重要，但它只能告诉我们什么已经发生，而相关关系能更清晰地揭示什么事情正在发生。当然，这只是强调了相关关系在互联网时代的重要性，无论如何，科学不能停止对因果关系的探查。大数据的数据全面性、数据相关性和整体分析性让我们可以利用数据挖掘等相关技术对数据进行细致的分析，进而在商业决策、营销、运营和创新等各方面对其进行有效运用。

随着云计算、物联网、社交网络的快速发展，大数据时代也面临着新的挑战。孟小峰等学者从计算机研究与发展的角度提出了大数据管理所遇到的挑战。首先，数据的全面性限制着所收集数据的质量；其次，数据更新速度加快，数据收集的实时性有待提升；再次，大数据的发展快于硬件存储技术的发展，因而数据存储硬件的研发也至关重要；最后，随着网络数据的开放，个人隐私保护和信息安全保护有待加强。

3. 双边市场和平台战略

随着社会分工的细化和互联网技术的提升及其服务的完善，互相提供网络收益的两

---

① Lynch C. Big data: how do your data grow? [J]. Nature，2008，455（7209）：28.

② ZB 是数据存储单位，1ZB 为 2 的 70 次方字节。

方用户逐步构成了双边市场。双边市场的供需双方相互满足需求并不断地自我创新和发展，最终形成正反馈效应。孙怡探讨了双边市场理论的应用，她认为双边平台包括交易中介、支付工具、传媒产业和软件平台等。随着双边市场的不断延伸，它渐渐转变为多边市场，囊括了更为复杂的利益相关者。为规范各个市场间的联系机制和利益分配，一种新的商业模式——平台化商业模式应运而生。在平台化商业模式中，服务和产品通过平台呈现给用户，各方利益群体在平台上选择满足自己需求的产品和服务，同时向其他利益群体提供自己的产品和服务。

根据数据业务平台定价模式，学术界把双边市场划分为三种类型（王芹，2008）。第一种是市场创造型（Market-maker），这类双边市场以方便用户的交易为目的，借助交易平台提高搜寻交易对象的效率和双方配对成功的概率；双边市场中一方用户量的增加会提升潜在交易可能性并降低搜寻的成本，进而拉动另一方市场用户的增长，其典型代表为淘宝网。第二种是受众创造型（Audience-maker），这类双边市场需要具备足够多的观众、读者、网民，从而吸引企业到平台上发布广告和产品等信息。对于广告商而言，平台一端有积极反应的受众越多，平台的效用就越高；对于受众而言，平台上具有吸引力的广告越多，平台对于观众的效用越大。这类双边市场的代表便是早期的雅虎以及中国电信黄页。第三种是需求协调型（Demand-coordinator），这类双边市场通常不直接出售信息或达成交易，而是通过平台交易来满足用户不同的需求，如微软操作系统、银行卡系统、网络游戏、移动增值业务平台等。

双边市场除了具备上述的用户需求互补的特点外，还具有交叉网络外部性的特点，即同一平台上一方用户取得的收益与另一方用户数量成正相关，因此消费者数量的增加可以激发更多的服务需求。

你知道吗？

亚马逊的启示

1994年，时任华尔街一家投资银行高级副总裁的杰夫·贝索斯，了解到互联网用户每年增长2300%，他意识到这是一个巨大的商机。于是29岁的他毅然决然地辞职，转而寻找能在互联网上畅销的产品，最终他选定了图书。

贝索斯认为图书的种类很多，假设每一本图书都翻译成全球所有的语言，那么该类图书至少有300万册。然而没有哪家实体书店能够承受如此庞大的库存，摆在货架上的永远是那些畅销书。贝索斯认真分析后认为书店畅销书的需求远不及那些还未挖掘的长尾个性化书籍的需求，并且图书具有体积小、易包装、运输过程中不易损坏、单价低等特点，因此他认为图书是一种适合在网络上销售的产品。

亚马逊创建之初，雅虎的杨致远曾给予贝索斯一个小小的帮助。杨致远在邮件中说：“我们认为你的网站非常有创意，你想不想让我们将你的网站放在雅虎网页的推荐网站列表中呢？”贝索斯想了想，最后同意了。此后的几天，亚马逊的图书订单量飞涨，一周内亚马逊就收到了总价达1.2万美元的订单。

即便如此，亚马逊刚开始也遇到很多问题，比如出货物流速度无法匹配飞速增长的订单量、地区电子商务业务被限制、客户服务体验不佳等。这些问题导致亚马逊在前10年一直处于亏损状态，2000年亏损甚至超过14亿美元。但随着亚马逊对物流体系的不断改进，对客户体验的不断完善，2015年亚马逊销售额达到357.47亿美元，净利润接近6亿美元[①]。现在亚马逊仍在不断探索新的业务，云计算、大数据以及航空航天都在亚马逊的未来构想中，并且在逐步实施，因此亚马逊是一家成功的电商企业。

6.7 互联网经济

6.7.1 互联网经济的概念

传统观念认为互联网经济是基于互联网所产生的经济活动的总和。它以信息网络为载体，依靠网络进行预测和决策，并进行生产、交换、分配和消费等经济活动，主要包括电子商务活动、金融活动、即时通信、搜索引擎和网络游戏等五大类型。

另一种观念认为互联网经济就是在互联网理念和思维带动下进行的商业活动。在消除了消费者和生产者之间信息不对称的问题后，受到互联网精神和理念的影响，企业不再跟风扎堆红海，而是开始关注具有蓝海特质的消费长尾，生产长尾产品并使产品特质差异化，满足消费者对小众产品的个性化需求。在互联网思维影响下的互联网经济促使市场均衡理论从理想变成现实，市场呈现出规模经济效应和范围经济效应，并进一步创造了市场交易的全新格局——由需求引导供给到消费主导生产。这种互联网经济一方面显著提高了消费者在企业生产经营环节中的地位，消费者能够更多地参与、设计、主导和引领产品和服务；另一方面得益于自媒体的传播，消费者的自我评价、自我服务和自我营销的能力进一步加强，最终促使市场回归到“以人为本”的商业本质，这也是互联网经济最大的贡献。

从“互联网+”的角度来看，互联网经济可以被看作共享经济。它以通信物理系统的低能耗与计算技术的高效率为技术基础，快速地推进新一代信息网络向综合、智能、融合、渗透的方向发展。共享经济改变了劳动者对商业组织的依附关系，他们可以直接向最终用户提供服务或产品。以个体服务者为例，他们虽然脱离了商业组织，但仍能借助互联网平台接触广泛的市场需求方。互联网共享经济平台大范围地集成移动互联、大数据、社交网络、多媒体、人工智能、新型人机交互、物联网等新型技术，大跨度地实现了传统产业、新兴产业的协同创新、线上到线下（online to offline，O2O）一体化的资源优化配置，形成再造商业模式的共享经济。

根据上述内容并结合新华网对互联网经济新形态的评论，笔者将互联网经济界定为：依托信息网络，以信息、知识、技术等为主导要素，借助经济组织方式进行创新，优化重组生产、消费、流通全过程，提升经济运行效率与质量的新型经济形态。

① 数据来源于公司年报。

6.7.2 互联网经济对传统经济的影响

互联网经济对传统金融业产生巨大冲击。首先，互联网金融具有不依赖实体网点、无须大量工作人员等特点，这些特点使其能够凭借终端与服务器交换信息，从而降低固定成本和人工成本；其次，互联网便捷的信息传输方式极大地改善了传统金融业务所存在的信息流通缓慢、信息不对称等问题；最后，消费者在借助搜索引擎查询信息时，能实现信息的快速查询、筛选、组织、对比，最终获得最优的决策。

互联网经济对传统媒体行业也产生了巨大的冲击。首先，互联网经济以强大的信息汇聚能力和信息整理传播能力，改变了传统媒体的烦琐程序；其次，互联网经济下“自媒体”的产生让每个人都可以分享文字、图片和视频，传播也不局限于统一的渠道；最后，互联网病毒式的营销方式和反馈式的传播体系弥补了传统媒体缺乏互动、覆盖范围小的缺点。

经济理论认为传统产业大多围绕产品质量、价格和服务开展商业活动，并重点关注成本的降低和企业的规模效应，而学者乌家培在研究网络经济对经济理论的影响时发现互联网经济更加关注“价值”，并借助“价值的提升”创建稳定的客户关系和品牌忠诚度，进而弥补互联网经济中用户转换成本低、流失速度快的缺点。互联网经济中，产品的研发周期不断缩短，产品之间简单的技术差异已不足以引起消费者的重视，因此为了获得消费者关注，培养顾客的品牌忠诚度，传统企业也开始以用户为核心，关注用户体验和客户需求，并注重品牌的打造。

6.7.3 互联网经济的成果

传统企业发展的主要经济依托是相对较好的地段和比竞争对手更高效的沟通效率，PC互联网时代的企业依托的是流量和用户点击量，而移动互联网时代的企业依托的则是时间——人机间的高度交互模糊了人与机器的界限，人们在移动设备中花费更多的时间。然而互联网产品五花八门，人们的注意力始终有限，因而如何有效地吸引用户注意力成为企业竞争的新焦点。

随着传统农业、工业和服务业在互联网时代逐渐落伍，传统企业的互联网化变革成为必然的发展趋势，而“互联网+”则成为传统行业变革的最有效方式。“互联网+”为中国市场带来新的经济发展方向和活力，帮助企业进行经济变革，促进产业的全面升级。目前“互联网+产业”已产生了一些较为成熟的创新模式。“互联网+农业”将多样化的互联网相关技术融入农业生产活动中，积极推动农产品电子商务平台的建设，并为涉农企业或个人提供全方位的咨询服务与解决方案，帮助其提高农业生产的效率，促进农业转型升级，增加农民收入。“互联网+工业”则推动传统制造业向数字化、智能化方向发展，并在未来提供个性化产品的规模化生产和批量定制。这一革新最终提高了工业企业的生产效率，促进了传统制造业的转型升级，并借助互联网时代的网络营销为制造业产品推广带来新的思路和方向。"互联网+服务业"更是利用愈加成熟的商业模式、更低的成本及更及时高效的时间概念等优势，不断提高该行业的服务水平与能力，促进电子商务服务业良好发展。总的来说，"互联网+"正在作为新的引擎，推动各产业全面转型升级。

"互联网+"将互联网的技术成果应用于传统行业，在产品的消费和服务方面不断地改革创新，并且从时间、成本等诸多角度为用户提供便捷的服务。目前"互联网+"变革已在金融、教育、零售、广告、媒体等领域取得了卓越成效。在技术进步和社会发展的过程中，"互联网+"行动计划的推出，一方面将高效推动各地区人才、资本、技术、知识的合理流动与聚集，增加消费群体，扩大消费规模，提高社会的有效需求，促进社会生产和社会经济的健康发展；另一方面也将给创业者以极大的信心，促进中国企业的高速发展，推动中国经济走向新的创新征程。

6.7.4　互联网经济下最终被剩下的会是人吗

互联网时代，在经济快速增长的同时，效率也随之提升。但之前的技术面临着过时的尴尬境地，曾经的岗位也逐渐被高新技术所取代，这是互联网经济带来的另一番难知善恶的结果。第一场观念革命是哥白尼用一个世纪换来的，第二场观念革命则是达尔文用 50 年才完成的，而互联网的观念革命到底会持续多久？这一切都还是个未知数。

2011 年 7 月，处于复苏阶段的美国创造了 11.27 万个就业机会，然而还有近 1200 万的美国成人处于失业状态。由此可见，尽管生产效率提高、经济总量增加以及经济总体就业机会增多，一部分人仍未能从中获益。以中国为例，由于经济飞速增长，2011 年一年新增了 800 万的就业岗位，但同期的大学应届毕业生就有 700 万，瞬间抵消了对应岗位的增长。杨敏等学者通过研究互联网经济对社会福利制度的影响，警告称互联网的到来让几乎所有的工作岗位都受到了威胁，包括金融业、保险业和房地产业等。

新技术和新时代同时在增加新岗位和淘汰旧岗位，但最终是消失的岗位更多还是新生的岗位更多，这主要依赖于社会的调节能力。然而，社会变革比技术变革要缓慢得多，过去工业革命带来的阶级冲突和社会的不平等，尽管已经通过战争和现代社会福利制度得到了缓解，但却并未能做到真正的根除。如今，众多汽车厂商和互联网公司正在实验无人驾驶汽车，而当这项技术发展成熟并开始大范围推广时，庞大的司机群体又将何去何从呢？这是互联网带来的新的社会问题，也是对社会制度的一次重大考验。

6.8　互联网社会

工业时代造就了一批伟大的企业，这些伟大企业的创始人也有一些共有的特性。比如福特公司的亨利·福特（Henry Ford），就曾想要创办一个自给自足的工业王国，囊括汽车生产整个供应链环节，甚至连做油漆的黄豆都要自产。不仅是福特公司，洛克菲勒集团、通用电气、杜邦公司、克虏伯公司和美国钢铁公司也都曾试图网尽天下资源。集中化和阶层代表了工业时代的特点，这也是工业时代的生命观，然而在21世纪的今天，尽管还存在部分工业化的趋势，但另一种社会结构也应运而生，即网络社会。

波音787客机的全球供应链中心拥有世界上最长的一条流水线，流水线上成千上万的零部件却来自全球各地；正在定型的意大利阿莱尼亚宇航公司出产的碳纤维复合材料、准备出厂的俄克拉何马州出产的机翼前沿、准备安装的中国沈阳飞机工业公司提供的舱门和方向舵以及正载着英国罗尔斯–罗伊斯发动机的巨轮和飞奔而来的日本三菱重工的机翼主体，400多万个部件按照统一的标准在预定的时间到达西雅图。20世纪50年代波音707客机只有大约2%的零部件是国外生产的，而现在90%的零部件，从生产到组装都是由全球40多个国家的合作伙伴共同完成的。

在过去，大多数产业之所以集中于一个大型组织是因为成本低、效率高、渠道更好控制，而现在互联网则使得外包相对而言效率更高、成本更低、品质更好。由于互联网时代网络交易成本降低，维持和开发产业链难度下降，网络产业变得更有利润和价值。从根本上说，由于每个行业的市场结构都依赖于信息的获取，互联网能够帮助行业更加有效地获取信息，因此互联网必将对每一种行业的市场结构进行变革和重组。

互联网的出现塑造了新的互联网社会，并促进了不同产业之间的整合。这种创新，一方面“杀死”行业领袖，另一方面给新企业提供了进入该行业的机会，被称为“破坏性创新”。这个词最早由克莱顿·克里斯坦森（Clayton Christensen）在其著作《创新者的窘境》中提出。作者认为“破坏性创新”常常伴随着新技术的出现，往往会扼杀反应缓慢的企业，让复杂而昂贵的产品降低使用门槛而变得更加便宜，比如互联网时代的3D打印技术和激光切割技术都属于“破坏性创新”。

第 7 章　互联网商业模式

“商业模式”是近年来人们听得最多的商业术语之一，它描述了企业的运营方式。互联网时代最初的创业者们不需要传统经营中的产品、服务、技术、管理和人力，而仅仅依靠简单的商业计划书和具有吸引力的商业模式就能轻松获得价值百万的风险投资。这种对商业模式的热烈追捧造就了一批白手起家的财富英雄，然而并不是所有的商业模式都可行，许多网络公司在烧完最后一笔钱后纷纷倒闭，互联网的泡沫经济开始破碎，全球经济危机随即爆发。所以，商业模式是需要创业者和创业企业高度重视并要努力实践的重大课题。

7.1　传统企业的困惑和改变

宝洁公司每年向世界提供 3 万多款产品，拥有 29 000 多项专利。2004 年，宝洁遇到了无法在薯片上印制宝洁商标的技术难题而陷入了困境，然而互联网的出现拯救了宝洁。宝洁利用公众平台向广大互联网用户发出求助邀请，一夜之间，宝洁公司利用网络网罗了 150 万编外研发人员。在那个时刻，曾经令宝洁自豪的 28 个技术中心和 9000 余名专职科研人员显得有些微不足道。最终，借助网民的力量，宝洁成功地解决了这个技术难题并稳住了下滑的业绩，在此后短短一年多的时间里宝洁推出了 200 多款新产品，研发能力提高了 60%。互联网是唯一一个能够在 1 秒钟之内把需求散发给 1 亿人群的平台，开放的互联网精神和平等的互联网思维吸引了很多企业的参与和使用。

中国庞大的消费群体催生了与沃尔玛相仿的零售业巨人——苏宁和国美。过去苏宁和国美信奉这样一句话：“渠道为王”，店铺越大，集客能力越强，店铺越多，渠道影响力越大。不幸的是，随着阿里巴巴开始借助互联网开展网络零售业务，传统零售业，包括苏宁和国美都遇到了前所未有的挑战。当一种科技极大地提高了信息传递效率时，中间商的减少便成为必然。2015 年左右，苏宁和国美在全世界仅有 3000 家实体店，在面对淘宝网 900 万家 24 小时不打烊的网络店铺时，也只能望洋兴叹了。

你知道吗？

苏宁电器的新商业模式

近几年，随着行业的变化以及电子商务潮流对传统零售业的冲击，苏宁电器开始转型。借助移动互联网与云计算融合带来的机遇，苏宁电器于 2013 年 2 月 20 日正式改名为“苏宁云商”[1]，并以“新模式、新组织、新形象”的定位作为变革的方向，以“专衍、云融、开放、引领”作为发展的主题，开启了一种全新的零售商业模式。

苏宁借助新技术打造高效的产业链，利用电子化对接和信息平台共享减少库存、加快周转、节约成本。苏宁的新商业模式主要包含四个方面：第一，苏宁打造线上线下无缝对接的模式，并在2013年6月宣布线上线下统一价格；第二，苏宁构建新型零售活动，为供应商提供部分金融平台，为零售商减免平台费用，支持供销双方的稳定发展，以形成产业链、寻找多维合作伙伴；第三，提供基于客户需求的各类增值服务、内容服务和解决方案；第四，调整配套的治理结构，将原有的矩阵式组织结构变革为扁平、自主的事业部结构，充分调动和发掘各业务单位的经营主动性、积极性。由此可见，互联网时代带给苏宁的不仅仅是新技术的使用，还包括思维和管理制度的变革。

7.2 什么是互联网商业模式

随着互联网时代的到来，企业组织开始发生戏剧性的重大转变，企业间的协作联系变得没有工业时代那么紧密，基于项目建立的短期关系成为企业关系发展的一种新趋势。互联网对传统企业的改造和变革始于企业效率的提升，随着互联网的不断发展，企业效率也不断提高，变革的量变最终引起了质变，企业的商业模式开始发生根本性改变，并最终诞生出一种新的商业模式——互联网商业模式。

罗珉和李亮宇（2015）从价值创造的视角出发，认为在互联网的不确定性下，企业以往的商业模式被颠覆，传统意义上的行业壁垒被打破，任何的经验主义在此刻都显得苍白无力。黑莓、诺基亚、东芝、摩托罗拉等多家国外著名传统电子厂商倒闭、被兼并的消息接踵而至，而苹果公司摇身一变成为世界上市值最高的公司，同时中国的小米公司仅仅用了4年的时间就成为一家市值超百亿美元的新科技公司。无数例子说明，互联网时代的商业模式，需要让消费者参与企业的生产和价值创造，让厂商与消费者相互连接、共创价值和分享价值，只有这样企业才能够既享有来自厂商供应面的规模经济与范围经济的好处，又享有来自消费者需求面的规模经济与范围经济的好处。

原磊（2007）总结了国外对商业模式的研究，并对相关理论做出研究及评价。国外对商业模式的定义总体上可以分为经济类、运营类、战略类、整合类四种。经济类商业模式描述企业的经济模式，核心是为企业获取利润，相关变量是收入、定价方法、成本结构、最优产量等，主要关注企业获取并使用资源为顾客创造比竞争对手更多的价值以赚取利润的方法。运营类商业模式描述企业的运营模式，重点关注对不同商业参与的主体及其作用、潜在利润和获取来源的描述，这类商业模式被用来分析商业活动结构、元素之间的方式和影响世界的方法。战略类商业模式侧重对不同企业战略方向的总体考察，涉及市场主张、组织行为、增长机会、竞争优势和可持续性等，与此

[1] 2018年更名为“苏宁易购”。

相关的变量包括利益相关者识别、价值创造、差异化、愿景、价值、网络和联盟等。目前看来，战略类商业模式被更多研究者所接受。整合类商业模式是把上述三种商业模式进行整合，该理论认为任何一种成功的商业模式都是独一无二的，需从多角度把企业战略方向、运营结构等一系列内部和外部关联性变量进行定位和整合，以便在特定的市场上建立起竞争优势。

Amit 和 Zott（2010）从活动、结构和流程三种角度对商业模式进行了解释，认为商业模式是企业与其他企业的跨边界的相互依存的活动，能够促进企业与其合作者一起创造和分享价值。一个商业模式可以被看作一个模板，它描述了公司如何开展业务，如何为利益相关者（如重点公司、客户、合作伙伴等）提供价值，以及如何联系要素市场和产品市场。商业模式的活动描述可以帮助企业进行战略规划，因此企业的商业模式必须要从要素内容、结构和治理方式等多个角度进行描述，并最终找到活动所需的资源以创造价值。

西南财经大学的罗珉教授在《组织管理学》一书中专门研究了“商业模式”的理论架构。罗珉认为企业的商业模式是指一个企业用以建立和运作的那些基础假设条件以及经营行为手段和措施，这包括了营利性组织和非营利性组织的商业模式。罗珉教授还指出企业组织的商业模式至少要满足两个必要条件：①必须是一个由各种要素组成的整体，这个整体将不同的单一要素联系起来并形成组织结构；②企业商业模式各个组成部分之间必须有内在联系，这个内在联系把各个组成部分有机地串联起来，使它们共同作用，相互支持，形成良性循环。

王国红和唐丽艳在《创业与企业成长》一书中提出，商业模式对企业的发展至关重要，一个好的商业模式本身就具有非常重要的商业价值。第一，作为规划工具，商业模式的选择可以促使创业者缜密地思考市场需求、企业生产与分销的能力、成本结构等各方面的问题，将商业元素协调成一个有效的整体；第二，让顾客能够清晰地了解企业可以提供的产品和服务，实现在顾客心中的目标定位；第三，能够让企业的员工全面理解企业的目标和价值所在，清楚地知道自己能做的贡献，从而调整自己的行动使其与企业的目标相一致，这在高新技术企业和知识型企业中显得尤为重要；第四，帮助股东更好地了解企业及其在市场上的地位变化。

7.3　互联网商业模式的发展

伴随着互联网的出现，互联网商业模式逐渐流行起来，它以互联网为媒介整合传统的商业类型，创造新的价值和盈利方式。作为一个新兴的商业理论，互联网商业模式在国外的研究已经相对完善，但在我国还处于起步阶段。目前我国对商业模式的研究主要集中在概念、构成要素和创新方面。笔者结合中国和世界互联网的发展，按照时间线来总结互联网商业模式的发展脉络。

7.3.1 互联网商业模式的研究发展

Timmers（1998）是最早对电子商务市场的商业模式进行研究的学者之一，他认为互联网商业模式的研究重点是企业的盈利模式，企业应该关注如何运用比竞争对手更好的资源与价值，并借助互联网企业本身的技术优势去创造利润。企业盈利问题必须置于其他问题之上，企业的运营机制需要说明企业怎样才能持续不断地获取利润，如何在企业争取客户、获得资源的竞争中取得胜利。因此，以利润为目的的商业模式主要关注的是为企业创造盈利的条件，以及利用高科技优化产能、合理定价、削减成本等。

此后，随着商业模式概念的升级，商业模式的概念也变得更加复杂，逐步涵盖了市场和供应链，将重点转移到了企业如何通过内部流程和基本构造实现商业模式，并着重关注产品服务提供方式、关键流程、资源、物流等环节，最终形成了包括企业产品流、服务流和信息流的商业模式系统。

由于研究问题的角度不同，学者对商业模式的看法也有差异。目前，学术界在商业模式的定义上还没有达成共识，应用较为广泛的定义有三种：Richardson（2008）将商业模式定义为“对特定企业为客户和企业自身创造和传递的价值的一种描述”；Chesbrough（2006）将商业模式界定为“一种有用的框架，用来把商业构想和科技与经济产出联系起来，其核心包括两个重要部分：价值创造和价值获取”；Osterwalder 和 Pigneur（2002）认为“商业模式是企业如何创造价值、传递价值和获取价值的原理”。

7.3.2 互联网泡沫与模式创新

互联网泡沫指发生在 1995 年至 2001 年间的投机泡沫，它出现在欧美及亚洲多个国家的股票市场，主要涉及新兴的与科技相关的互联网企业。在此期间，西方国家股票市场中的互联网板块及其相关领域的企业股票市值快速增长，投资者盲目追捧互联网企业，最终导致大量互联网公司投资失败，直接引发了股市的崩盘和泡沫的破灭。

20 世纪 90 年代末的硅谷，只要你拥有一个与互联网相关的创意，无论是在校学生还是社会人士，凭借一份简单的企业规划书，就可以获得可观的投资。在 1995 年至 2001 年之间，随着互联网的快速发展，硅谷平均每天都会新增 62 位百万富翁，每 5 天就有一家公司上市。大批企业的快速出现造成了一个奇怪的经营模式，即企业利用“烧钱”的模式，希望能通过亏损经营抢占市场，之后再利用融资填补之前的亏损。当时几乎所有的商业模式都一样，一个公司既无盈利也无好的商业模式依然能够进行融资。1996 年，对大部分的美国上市公司而言，一个公开的网站已成为必需品。以互联网为媒介的“直接商务”（电子商务）和全球性的“即时群组通信”等概念吸引了不少年轻的人才，他们认为这种以互联网为基础的新商业模式将会兴起，并期望成为首批以新模式赚到钱的人。

这种新概念、新商业模式带来的预期增长让所有人都心潮澎湃，很多企业竟然在首次公开募股（initial public offering，IPO）的时候就可以享受到 2~5 倍的融资，让之前果敢与理性的分析师、投资者、企业家等全部陷入了狂热的情绪中，变得盲目而疯狂。人们再也无法理性地思考了，很多人失去了方向，甚至很多没有业务的企业，也敢于大量地投放广告。2000 年初，大量企业由于扭曲的经营模式，盈利一直存在问题，那些不盈利的 B2B、B2C 业务以及不理性的并购业务进一步消耗了企业的资金流，企业开始减少广告投放，这进一步导致了以网络广告赚取利润的企业的盈利下降，整个互联网行业开始步入萧条时期。逐渐清醒的投资者开始意识到，这是一场不可持续的繁荣。

不破不立，互联网梦的破碎是互联网新生的契机。一方面，自负和狂热的硅谷投资者导致了这场危机；另一方面许多投资者、学者和企业家开始意识到，互联网企业光有技术是不行的，还需要具备良好的商业模式。在那个时期，与互联网有关的各产业的盈利前景还比较模糊，像雅虎、亚马逊、易趣等在当时有较大规模的互联网企业都基本处于亏损状态。它们旗下的产品，包括搜索引擎、门户新闻、邮箱、电子商务平台等以免费模式为主，除了网页广告投放这一可盈利的商业模式外，并没有清晰有效的盈利模式。为了避免投资者因为巨额亏损而退却，鼓励更多的资本投入这个行业，一些网站开始考虑一些潜在的盈利模式。

2004 年夏天，谷歌、Facebook、搜狐、暴雪娱乐等互联网公司开始关注人的个性化需求，根据以用户为中心、以交流和沟通为目的的产品设计理念，推出了一系列受到社会关注的社交产品。一些社交化网络公司开始更快地发展起来，越来越多的社交产品为大众所接受，比如 QQ、微博、YouTube 等。在这些产品中，企业鼓励每个人发表自己独特的看法和观点，贡献碎片化的知识和生活化的技术，这初步体现了互联网精神价值。2007 年 iPhone 手机的问世让常年来被网线束缚的互联网获得了新的自由，生活中的琐事如订机票、找电影、购物等，都被写入了相应的应用程序，满足了人们日益增大的需求。这些新的商业模式和人们个性化创作的需求促进了互联网时代的快速发展。

7.4　互联网时代价值创造与传统价值创造差异

互联网时代改变最大的是信息流动方式。信息的加速流动打破了信息不对称的壁垒，使得商业价值链发生了巨大变化，并进一步改变了企业的内部结构。信息的加速流动还直接改变了消费者的行为，从而影响了产品的营销、市场和包装等环节，进而改变了企业的经营模式。信息的加速流动还使企业价值链上的许多环节发生了变化，例如数据井喷式的增长使大数据技术可以对事物之间的相关性进行解读，打破了原有交易过程中的黑箱。由此可见，互联网促使企业改变了价值创造模式，涉及经营环境、价值主张、顾客观念、顾客族群、营销渠道、传媒过程等诸多方面。罗珉和李亮宇（2015）认为这种改变主要表现在三个方面。

（1）互联网使价值创造的载体发生改变。传统模式主要通过解决顾客的特定困难来为客户创造价值；互联网模式则利用中介技术连接顾客，促使企业与顾客通过价值互动和价值协同来为顾客创造价值。

（2）互联网颠覆了价值创造的方式。传统企业价值创造基于迈克尔·波特（Michael Porter）所提出的价值链中的基本活动和辅助活动；在互联网时代，尽管技术因素和市场要素依然重要，但企业价值创造与顾客之间的联系更为重要。简单来讲，这种价值创造方式需要顾客参与企业的产品创新和设计，并借助企业与消费者的交互来创造和提取价值。

（3）互联网改变了价值创造逻辑。工业化时代企业通过组织生产、规模化生产、中心化品牌、建立销售渠道等方式产生效能；互联网时代，由于企业间开展跨界联合，企业开始整合传统产业的边界，并在开发新产品的过程中通过公司与消费者间的互动创造价值。另外，互联网时代的企业也开始借助“传播方式去中心化和碎片化”的思想，抛弃传统渠道采用直销策略。

7.4.1 互联网商业模式创新

1. 互联网商业模式的前提：创新

从财务的角度来看，好的商业模式必须能使公司的收入大于支出。然而，互联网商业模式需要长期的投资，收入和支出并不能简单地计算和衡量，因此需要重新制定衡量商业模式好坏的标准。创新思维由于具备差异化的竞争优势，成为企业制定商业模式的关键标准。今天有很多门户类型的网站，都是创新性地发现用户需求，并在满足其需求的基础上建立起来的，如配对型、搜索型、网购型和游戏型等。谁能够率先发现用户需求并制订解决方案，谁就有可能取得成功。创新的商业模式关注的是未来，投资者不局限于当前情况下的盈亏，而是放眼于未来市场的盈亏，做出长远的战略规划布局。

互联网时代带来了各个行业的融合，在“互联网+”跨界经营后，其对原有产业和市场基础的破坏性创新推动了经济的进步。在“规模报酬递减”规律的支配下，经济是均衡而有序的，是能够进行预测并科学分析的，是稳定而安全的，是变化缓慢而连续的。因此从大范畴看，在“互联网+”引发的变革中，经济增长的方式也从以往强调精细化分工、低成本大规模、劳动效率，主要依靠资本投入来实现经济增长的斯密式增长，变成了关注冗余资源、创新主体多元化和协同价值创新，并通过科技进步和创新提高效率来实现的熊彼特增长。无数新念头、新思想都可能成为国家竞争战略的一部分。

2. 互联网商业模式的内涵：价值

随着互联网泡沫的破灭，企业逐渐意识到商业模式的核心是创造价值，提供免费服务只是迫不得已的一种选择。而价值来源于顾客需求，因此企业必须将满足顾客需求贯穿整个商业模式理念之中。Teece（2010）指出一个好的商业模式必须要以创造价值为中心，这些创造的价值一方面能够为企业的后续发展提供资源和动力，另一方面也能够借助企业的商业模式传递给企业的客户，换取客户价值。这种双赢的商业布局能够建立企业和客户间的长久互惠关系，最终满足双方的需求。

国内学者也就商业模式的学科属性和定位问题进行过探讨与交流，他们认为以信息技术和知识经济为基础的新经济追求差异化、个性化、网络化和高速化发展，从而直接改变了企业传统的价值创造方式和价值驱动因素。营销学中的“价值”和战略学中的“竞争优势”开始成为商业模式中的核心决策变量，换言之，商业模式研究的重心逐渐从早期关注财务、内部运营问题最终转向关注战略、营销问题，从关注利润转向关注价值，从关注收入盈利结构转向关注价值网络，从关注互联网单体企业扩展到电子商务、传统企业等多领域。其中，战略考虑的是商业模式下组织行为、竞争优势和可持续性的问题，而价值更多考虑的是市场、产品、营销和传递价值的问题。相较而言，价值从整体上整合了战略方向、营销价值和经济逻辑，并就最终的竞争优势和商业模式做出决策。

7.4.2　互联网商业模式画布

商业模式的重点在于价值创造和创新，这里的创新包括两个方面：其一是基于顾客角度的创新，从顾客出发为顾客创造价值；其二是基于系统的创新，主要是一种集成的创新，反映出来的是公司自上而下从战略层到业务层的创新。由于商业模式的两种创新方式均同时涵盖了产品、服务和技术的创新，分析起来较为复杂，著名作家兼创业者亚历山大・奥斯特瓦德（Alexander Osterwalder）和瑞士学者伊夫・皮尼厄（Yves Pigneur）便一起创造了一种相对清晰的分析模式：business model canvas，即商业模式画布。

商业模式画布所推崇的核心仍是价值内涵，这也是互联网变革的核心，与互联网精神内涵是一致的。商业模式画布工具可以帮助企业可视化商业模式，并帮助它们分析和测试自身商业模式的可行性，从而避免资金浪费或者盲目叠加功能，也能帮助企业维持稳定的企业盈利、物流水平和客户关系。小公司可以利用画布工具开辟新领域，通用电气、宝洁以及 3M 之类的大公司也可以通过它探索新模式，保持行业竞争力。对创业者而言，商业模式画布可帮助他们催生创意、降低试错成本、确保他们找对了目标用户、合理地解决问题。

奥斯特瓦德说，就好像丑媳妇见公婆，很多看起来靠谱的商业计划会在第一次见客户的时候流产，让人感觉所有的时间和精力统统白费，而商业模式画布则能帮助企业更好地优化商业模式，提升与客户洽谈的成功率；更重要的是，它可以将商业模式中的要素标准化，并强调各个要素间的相互作用。奥斯特瓦德将商业模式分为九个构成要素，每个要素都包含着成千上万的可能性和代替方案，而创业者要做的就是从众多方案中选取最佳的方案。

你知道吗？

商业模式画布包含的要素

目标客户：简单来说，是企业提供产品或服务针对的客户群。在市场营销中，目标客户是工作的前端，通过调查消费者的购买动机、行为、模式和影响消费者购买决策的外部环境及心理因素进行识别。一般市场营销学会根据购买者和购买者的目的来对企业的目标客户进行分类，这类客户群具有某些共性，使公司能够针对性地创造价值。而在数字时代，通过运用大数据，会有更加细分的客户群，这为利基市场带来了一片蓝海。

客户关系：公司与每个目标客户建立一种关系，公司需要考虑为他们服务的频率和服务方式，并帮助他们解决问题，保持和提高客户收益并获得反馈信息。互联网上出现了各种各样的营销方式，如电子邮件营销、网络广告、搜索引擎营销、无线互联网营销、电子商务平台等，营销方式的多样化导致了客户关系复杂化，也预示了客户关系管理的科学化、信息化。最终客户关系的双赢可以为交易提供方便，节约交易成本，并为深入了解客户需求提供帮助。

渠道通路：渠道是企业重要的资产之一，它是企业把产品转给消费者的途径，公司通过沟通、分销、销售渠道把公司的价值传递给客户。对产品来说并不增值，而是通过服务增加附加值。互联网企业因为中间渠道环节大大减少而直接掌握终端和消费者连接，在这一情况下，宣传的渠道和营销就显得更加重要。特别是在网络自媒体快速发展的背景下，如何吸引客户的流量成为一个更加重要的课题。

关键资源：公司商业模式最需要的资源，这些资源可以是有形的，也可以是无形的。根据商业模式的选择，人力资源、技术资源、财务资源和组织资源都可能形成企业的核心竞争优势，正是这些资源创造了价值和收入。企业的关键资源越是难以模仿和专有化，就越可能形成独特的竞争力。企业在拥有资源的同时，一定要具备有效使用这些资源的能力，否则依然无法形成独特竞争力。

关键业务：公司为维持商业模式运营而必须从事的活动，通过这些活动与客户保持关系，创造价值。企业在全面审视公司所处的政治、经济、社会及技术环境的基础上，结合波特“五力模型”[①]分析企业可能遇到的竞争和合作、供应商和客户，最终实现对关键业务的定位。关键业务对于企业商业模式的影响往往是最为关键的，它是企业利润来源的关键，也是企业价值链中的重要环节。由此可见，企业在价值链中所经营的关键业务就是对“如何创造价值”的描述。

重要伙伴：重要伙伴可以归结为关键资源的一种，但是这里单独列出是因为互联网时代，信息的传递速度加快，信息分享可以在商业伙伴之间快速传播，一个值得信赖、能够互相合作的商业伙伴就显得更加重要。一个可以形成优势互补的商业伙伴，能够帮助企业促进价值转换、降低风险和不确定性、加快价值的传递，进而吸引客户。企业内部合伙人的重要性也更加突出，企业界有一句话“宁要二流的创意，一流的团队，也不要一流的创意，二流的团队”，重要合伙人可以帮助企业形成良好的文化氛围与和谐的人际关系，推动企业更快更好地发展。

成本结构：价值创造、保持关系、获得收益等企业经营的各种战略和环节都会产生成本，而企业成本与企业的直接收益挂钩，因此企业战略的关键是要合理规划企业成本结构。低成本意味着企业在为客户提供产品和服务时，其所花费的费用和时间低于其他竞争者，然而在业务层战略中，差异化低成本在提高服务的同时还能够保持比竞争对手更低的成本。在互联网时代，随着技术的不断发展，对高新技术产业的成本

① 指将大量不同的因素汇集在一个简便的五因素模型中，以此分析一个行业的基本竞争态势。五因素分别为供应商和购买者的讨价还价能力，潜在进入者的威胁，替代品的威胁，来自同一行业的公司间的竞争。

控制更加困难，但其带来的机遇也更加可贵。

收入来源：公司传递价值内涵，并从客户那里获取价值和利益。企业收入来源的种类是多样化的，不同的收入方式又决定了企业不同的定价方式。企业的收入来源和定价策略决定着企业如何通过平衡各种关系，包括经营行为和财务目标促使收益最大化。总的来说，企业需要明确收入的产生方式，如会员制、订阅制等，并以营利为目的制定企业策略。在互联网时代，大多数产品固定成本高而边际成本低，定价策略选择不当很容易影响产品的销售前景，进而影响企业收入来源。

价值主张：公司通过产品和服务能够向客户提供的价值，简单来说就是为什么客户会选择你而不选择别人。一个企业要生存必须能够向特定的用户群提供特定的价值主张。企业为客户提供价值而客户围绕价值支付价格，企业的所有竞争优势也是围绕着价值创造而实现的。之前所述的八个要素全部为价值服务，而价值主张也决定了上述八个要素中具体方案的选择和实施。互联网的发展让企业可以通过网络构建更多的服务支持，促使客户更容易地使用企业的产品和服务，从而更容易地把特定和潜在的与企业价值主张相同的客户群挖掘和聚合起来，帮助企业保持持续发展，如用户可以借助搜索引擎简化搜索，借助电子商务方便购物。

在使用商业模式画布时，使用者需要遵循一定的顺序：首先要了解目标用户群，之后确定他们的需求（价值主张），接着想好如何接触到他们（渠道通路），然后思考如何盈利（收入来源），接下来考虑凭借什么筹码实现盈利（关键资源），随后确定能向你伸出援手的人（重要伙伴），进而根据综合成本定价，最终找到适合企业长远发展的战略考虑。

你知道吗？

美国西南航空公司的商业模式

美国西南航空公司成立于1971年，总部设在得克萨斯州的达拉斯，是民航业“廉价航空公司”经营模式的鼻祖。首航从达拉斯到休斯敦和圣安东尼奥，是一个简单配餐而且没有额外服务的短程航线。西南航空公司的做法以前曾被很多航空公司视为“不正规”，在相当长一段时间里被其他航空公司所不屑。

但是美国西南航空公司在20世纪90年代迅速扩张和发展，创造了多项美国民航业纪录。利润净增长率最高、负债经营率较低、资信等级为美国民航业中最高。2001年“9·11”事件后，除美国西南航空公司外，几乎所有的美国航空公司都陷入了困境。

美国西南航空公司将目标客户界定为需要短途飞行且对价格敏感的人群，有效地避开了其他大型航空公司占据的长途航班，并迅速在消费者心中树立起便宜的品牌形象。在客户关系管理上，西南航空公司把上班族、短途旅行者和省钱的人招募在一起，不提供头等舱，也不用对号入座，不提供餐饮，收到投诉后也不予理睬，虽然这样会损失掉部分客户，但保留下来的那一部分正好是其目标客户。西南航空公司在乘客重点关注的飞行速度、安全性、低价、愉悦感等方面努力满足乘客需求。

西南航空公司的关键资源是独特的组织文化。西南航空公司的企业文化强调“员工第一”的价值观，公司努力强调对员工个人的认同，如将员工的名字雕刻在特别设计的波音 737 上，以表彰员工在公司发展中做出的突出贡献；将员工的突出业绩刊登在公司的杂志上，以表达公司对员工的认可。另一类关键资源是公司的员工队伍。员工是公司最宝贵的财富，正是他们的热情服务和对乘客的悉心照料，帮助西南航空公司成为全球最成功的航空公司之一。西南航空公司的员工对任何事情都充满了热情，他们真诚地关心公司的客户，也正是这种热情让西南航空公司成为美国最令人尊敬的品牌之一。

企业的关键业务与目标用户的需求有关。作为一家航空公司，西南航空公司的直接竞争对手本应是同行业的其他航空公司，但根据自身目标用户群体的需求，西南航空公司将竞争对手定位在了汽车行业。在很多航线上，西南航空公司的价格如此之低，以至于他们同汽车甚至是私人轿车展开了竞争，吸引那些注重价格并经常往来的上班族和短途旅行者。

西南航空公司之所以能够降低这么多成本，与公司采用了省油的 737 型客机有关。虽然运输量小，但是可以随时起飞，当竞争对手需要用 1 个小时的时间登机时，西南航空公司只需要 15 分钟就可完成登机。此外，由于公司定位于短途旅行，西南航空公司只提供饮料和花生米这种成本低的餐饮；一般航空公司的登机卡都是纸的，上面标有座位号，而西南航空公司的登机卡是塑料的，可以反复使用，这既节约了顾客的时间又节省了大量费用。尽管西南航空公司飞行在竞争中存在舒适度低、航空餐饮差、使用二流机场等劣势，但这并不影响其目标客户对它的喜爱，因为它的价格实在是太低廉了。

西南航空公司的盈利都是成本差异化战略带来的，即使是短途旅行，每天航班低于 10 次的城市路线西南航空公司也是不会开辟的。

最终，美国西南航空公司形成了自己独特的价值主张。一方面通过为短途旅行者提供比汽车更快速、比其他航空公司更便宜的服务来巩固自己的市场，依靠公司员工的热情、舒适的服务来满足客户需求；另一方面借助组织文化所形成的凝聚力和亲和力，按照规章制度的需求去实现员工价值，从而引导员工沿着企业发展规划所确定的路径，最终达到企业的发展目标。

7.5 互联网商业模式的特点

虽然各种理论对商业模式的定义迥异，但对互联网商业模式特征的认识却非常一致。

成功的商业模式一般具有有效性。一方面能够较好地识别并满足客户需求，不断挖掘和提升客户价值；另一方面能够提高自身和合作伙伴的价值，创造良好的经济效益。

成功的商业模式还具有整体性，能够使企业各环节相互支持，良性循环，共同作用。以戴尔公司为例，借助其商业模式中采购和存货的高度协调优势，戴尔成功降低了物流成本，使得产品的价格和性能具有竞争优势。

成功的商业模式也具有差异性。既不与任何模式相同，也不容易被竞争对手模仿，其中独特的价值取向和无法在短时间内被复制和超越的创新性会让竞争对手望尘莫及。美国西南航空公司的商业模式所选择的特定服务航线和目标客户，使得对手只能模仿某一环节而不能模仿全部。

成功的商业模式也具有适应性和可持续性。一方面能够适应宏观环境的变化，灵活应对各种政策；另一方面也能够随着企业的发展不断进行自我调整和完善。

目前也有学者总结出了一套基于价值体系的商业模式，包含价值发现、价值主张、价值创造、价值配置、价值管理和价值实现这六大要素。该模式基于企业目标愿景，分析市场环境，发现企业价值然后通过产品服务向消费者提供价值，同时利用内部价值的优化、团队激励和顾客满意度来提高组织竞争力，最终实现公司资源与活动的良好配置，形成以利益者价值网络为核心的企业战略格局，从而获得被市场认可的价值。

7.5.1　核心能力——商业模式的价值保障机制要素

企业的核心能力影响企业各种技术与对应组织之间的协调和配合，能够为企业带来长期竞争优势和超额利润，它具有价值性、独特性和延展性等特点。企业的核心能力是一种动态能力。由于客户的需求随时会发生变化，企业经营的外部环境也瞬息万变，公司不可能为了每一种需求和环境随时随地地调整和更新企业的核心战略，因此这就要求企业的核心价值必须能够适应这些多变的外在因素并能够准确地预测客户的偏好变化。企业经常借助并购或外包来增强核心价值要素或减少影响核心能力的价值要素，进而提高企业核心能力。核心能力是互联网商业模式实施的价值保障机制要素，核心价值创造是互联网商业模式盈利的关键，而价值创造是互联网商业模式设计的最终目的，扩大用户规模和提高用户黏性才是价值创造的关键。

7.5.2　价值网络——商业模式的价值链接机制要素

价值网络是互联网商业模式的价值链接机制要素，它能有效连接商业模式价值主体。价值网络是利益相关者之间相互影响而形成的价值生成、分配、转移和使用的关系及其结构。价值网络改进了价值识别体系并扩大了资源的价值影响，它潜在地为企业提供获取信息、资源、市场、技术以及通过学习得到规模和范围经济的可能性，并帮助企业实现战略目标。

价值网络通过企业间的协调合作，汇集各种能力和资源，最终创造价值。企业商业模式是企业全部价值活动优化选择后的结果，它是通过创新企业核心价值活动，然后重新排列、优化整合而成的价值网络构建。借助商业模式，企业能够深入分析利益相关者的价值，构建合作共赢的价值网络，如针对市场的客户价值、针对伙伴的合作价值、针对上下游企业的供应链价值、针对广告商的广告价值、针对经销商的产品价值、针对电信商的增值服务价值。价值网络能提供价值实现的渠道、信息和资源，使企业能够有效整合资源、降低运营成本、增强系统整体运营能力和风险控制能力。价值网络使网络中的供应商、渠道伙伴、客户、合作伙伴以及竞争者形成关系网络，借助核心能力互补的特点共同创造差异化、整合化的客户价值。互联网企业通过和银行、电信运营商、联盟伙伴等构建价值网络可以有效实现商业模式盈利。

7.5.3 资源整合——商业模式的价值聚合机制要素

纪慧生等（2010）认为资源整合是互联网商业模式的价值聚合机制要素，它能有效整合价值网络资源。资源整合是指企业通过对内外部资源进行识别与选择、汲取与配置、激活和有机融合，使其满足一定要求，创造出新资源的一个复杂的动态过程。随着市场环境的快速变化和产品生产柔性要求的不断增加，企业要想创造价值，赢得竞争优势，就必须创新性地整合资源，发挥资源的最大价值。分众传媒正是凭借强大的资本整合能力，先后获得了日本软银、鼎晖国际、高盛、3I 等的投资，从而率先开拓楼宇视频广告市场，掌握此类广告市场的绝对份额，成为市场主导者。

笔者认为可以借助商业模式画布总结互联网商业模式的特点，其主要有以下三个变化：其一是渠道通路的改变，随着 Wi-Fi 和 5G 通信技术的普及，渠道通路变得广泛，如何抓住其中最能影响消费者并传递企业价值和思路的渠道成为关键；其二是价值内涵的改变，从互联网思维出现到对互联网精神的推崇，人们对于价值的需求形成了诸多互联网商业模式；其三是关键资源的改变，互联网时代有大数据作为引导，能够更好地掌握公司的核心客户资源，从而更好地匹配目标客户，为公司带来更多价值传递和利益收入。

第 8 章　互联网企业的典型商业模式

本章将介绍一些互联网时代的典型商业模式，从而帮助读者理解互联网在商业模式运作背后发挥的作用。

商业模式是一个复杂的系统，上一节仅对商业模式的大部分显性系统进行了分析，并未涉及商业模式的隐性系统。汪寿阳等（2015）认为，同一组织在不同维度（如时间、空间等）中表现出的商业模式是不同的，当其中的某一维度（构成要素）发生改变时，其商业模式也会随之发生变化，“冰山理论”[①]正好解释了“为什么成功的商业模式不能被复制”。汪寿阳等从行业类别、地域环境和科技水平角度出发，剖析成功的商业模式中难以被察觉的隐性系统，其中行业类别代表着行业属性，地域环境代表着企业所处的政治、经济和文化环境的空间属性，而科技水平则代表着行业整体共享的科研发展能力。Khanna 和 Rivkin（2001）的研究发现，不同国家间相同行业的盈利能力并不存在显著关联，这意味着即便是在原来市场获得成功的企业，在进入其他国家的同一行业市场时，也有可能会面临失败的境地。

学术界一直对商业模式的分类存在分歧，原磊（2008）认为原因主要有以下两点：其一，商业模式涉及的范围过于宽泛，要对商业模式进行细致的分类，就必须将其设计要素考虑在内，因此详细分类非常困难；其二，互联网时代变化迅速，新要素、新问题层出不穷，研究者很难建立一个“万能框架”来适应千变万化的情境。

Dreisbach 提出了一种基于提供品（offering）形式的商业模式分类体系，他认为企业提供的商品可以分为产品、服务和信息三大类，故而可以将互联网上的商业模式分为基于产品销售的商业模式、基于服务销售的商业模式和基于信息交付的商业模式三种[②]。后来 Weill 和 Vitale（2001）认为任何复杂的商业模式都可被分解为几个原子商业模式的结合，于是提出了基于“原子商业模式”的互联网电子商务分类方式。他们对互联网上的商业模式进行总结，归纳出八种“原子商业模式”，并利用这些原子商业模式的不同组合来诠释不同企业的互联网商业模式。该分类体系反映了一种组织模块化的思想，为商业模式分类方法的研究提供了一种新的思路，在理论逻辑上也比较严谨。Afuah 和 Tucci（2001）提出了一种基于收入模式的商业模式分类体系，他们根据互联网企业的收入来源和获得收入的方式，将商业模式分为了八种。这种分类体系能够较为直观地解释互联网企业的盈利模式，进而对企业实践做出指导。但由于企业创造利润的核心要素是价值，收入模式只能反映利润的表象，因此即便具有相同的收入模式，企业也可能会因为具有

---

① 汪寿阳提出的冰山理论认为企业应该把商业模式作为一个复杂系统，集合商业模式的显性知识和隐性知识进行分类。

② Dreisbach C. Pick a web business model that works for you，https://www.inc.com/internet/articles/200006/20003.html

不同的价值而面临不同的命运。

整体来看，互联网企业的商业模式一般都是通过逻辑推理或案例归纳总结的方式进行概括的。为了与互联网的发展历程相匹配，本章将按照互联网发展的阶段顺序（Web1.0、Web2.0、Web3.0），结合同时期的经典案例，对互联网的商业模式逐一进行介绍。

8.1 Web1.0时代的商业模式

Web1.0的本质是聚合、联合和搜索。此时的互联网主要被用来整合网络上大量的繁杂信息，并通过分类归纳的方式来实现网络资源的链接和共享。基于此特征，Web1.0时代的商业模式主要有以下几种类型。

8.1.1 流量型商业模式

谷歌搜索最早采用流量型商业模式，之后雅虎、新浪等也开始使用该商业模式。具体而言，即在用户搜索的结果页旁边展示广告，通过网页的用户流量大小和广告链接的点击数量来向广告展示方收取广告推广和展示费用，进而获得流量收益。这相当于整合了三方的市场，为所有人提供同样的服务。这类商业模式作为流量的入口，能够满足用户搜索和浏览需求，但是由于缺少沉淀流量的模式和核心功能，带来的效益有限。

8.1.2 长尾型商业模式

借助互联网存储成本低、平台虚拟效果好的特点，互联网企业可以在网上搭建一个商品数量种类远超线下实体店、库存空间无限大且没有实体店铺成本的网络虚拟交易平台。同时借助互联网的长尾效应，获得可观的分销收益。早期的亚马逊和京东就是长尾商业模式的典型代表，它们盈利的核心是线上线下产品的差价。长尾商业模式描述了媒体行业从面向大量用户销售少数拳头产品，到销售庞大数量的利基产品的转变。虽然每种利基产品相对而言只产生小额销售量，但利基产品销售总额与面向大量用户销售少数拳头产品的传统销售模式带来的利润不相上下。B2C电商平台凭借着“多款少量”的核心战略，实现了大规模的个性化定制，同时利用网络虚拟电商平台库存空间无限大、库存成本低的特点来实现利基产品的销售，如快时尚服装品牌ZARA。

8.2 Web2.0时代的商业模式

Web2.0的本质是参与、展示和信息互动，它的出现弥补了Web1.0缺乏交流的不足。

Web2.0 为人们提供了社交空间和平台，允许人与人之间进行信息交流、沟通、交往和互动。但社交空间一系列侵犯隐私案件的曝光，让人们开始重视互联网社交平台中的隐私安全保护问题。

8.2.1　免费+收费型商业模式

传统企业向互联网转型，必须深刻理解互联网“免费”的商业模式的核心要义。“互联网+”时代是一个“信息过剩”的时代，也是一个“注意力稀缺”的时代，如何在“无限的信息中”获取“有限的注意力”，是“互联网+”时代商业发展的核心问题。注意力稀缺促使众多互联网创业者想方设法争夺有限的注意力资源，而互联网产品最重要的就是流量，有了流量才能够以此为基础构建自己的商业模式，因而互联网企业大量实施“免费”战略，希望能借助“免费”这一招牌吸引广大消费者的注意力，进而获取更多流量并转化为实际利润。

微软和网景争先把浏览器免费送到客户手中，360 也首次将杀毒软件免费推送给大众，而早期的移动和联通也借助“免费通话时间”等策略推广各自的话费套餐。在企业主们想方设法地免费推广自己的产品时，人们可能会觉得这些企业都丧失了理智，但事实并非如此。它们只是先通过免费这一营销策略吸引传统企业的客户群体，将其转化为自己的流量，再利用延伸价值链或增值服务链实现盈利。因为按照互联网“边际效应递增”的理论，当企业核心的软件和基础设施建设完成后，递增的投入和价值几乎不会让公司再增加基建成本。

克里斯・安德森在其《免费：商业的未来》一书中最早提出“核心服务完全免费”的商业模式，并给出了免费商业模式的三种模型。其一是借助交叉补贴，以赠送产品和服务的形式向用户推销其他产品，如赠送咖啡机但通过胶囊咖啡进行收费；其二是借助三方市场的相互补贴，以一类客户补贴另一类客户的方式创造三方资源整合后的新价值，如游乐园的成人收费，儿童免费；其三是限时收费和特色收费等免费与收费相结合的商业模式，如电子游戏中短期免费而长期收费的模式。

8.2.2　工具+社群型商业模式

在 2001 年互联网泡沫破灭时，互联网企业开始将经营重心转移到用户的价值创造和用户参与上。这种商业模式充分利用用户资源，让用户依据个人兴趣自己设计和选择产品，在有同类需求的用户群体内分享自己的意见并参与用户群体中的讨论。最早采用该商业模式的是以 MSN 和 QQ 为代表的聊天工具，之后随着用户量增多，信息交流愈发便捷，志同道合的人也越来越多，以 QQ 空间和 QQ 音乐等为代表的社交网络衍生产品应运而生。这类商业模式为人们之间的交流和互动提供了充足的空间，使人与人之间的沟通摆脱了时空的限制。Facebook、Twitter、微博和微信就是充分利用这种特征，借助去中心化的网络定位让人人都成为社交中心，让用户能随时和自己的亲朋好友分享自己的感受和体验。

工具+社群型的商业模式主要是依据“增值服务和定期付费”来获取收益。定期付费像话费一样，而增值服务是通过对小部分群体的特殊收费服务来获取利润。这种盈利模式既不会影响大部分用户的使用体验，又可以满足部分用户的个性化要求。同时，社交工具借助其自身的社交功能增加了移动支付、电影票购买和话费充值等商业功能，吸引大批流量，并成功地沉淀了流量，获得了比流量型商业模式更加稳定的客户群。

8.2.3 平台型商业模式

平台型商业模式的核心是打造足够大的平台，产品更为多元化和多样化，更加重视用户体验和产品的闭环设计。平台型商业模式中和线下合作的那部分就是我们经常用的大众点评、去哪儿网和滴滴出行，这实际上也是打造平台，企业可以通过平台整合资源，鼓励用户参与，实现企业与用户之间的零距离，而建立起来的平台可以快速汇集资源，满足用户多元化需求，打造一个多方共赢互利的生态圈。对于中小企业来说，不应该一味地追求大而全、做大平台，而是应该集中自己的优势资源，充分发挥自身产品或服务的独特性，瞄住精准的目标用户，发掘用户的核心需求，设计针对用户核心需求的极致产品，围绕产品打造核心用户群，并以此为据点快速地打造一个品牌。

8.3 Web3.0 时代的商业模式

罗泰晔（2009）认为 Web3.0 创造的是互联网网民的价值，让网民深度参与和体验互联网构造的虚拟世界，并帮助完善这个虚拟世界的内容体系和价值模式，进而促使互联网成为内容价值的最大载体。因此，Web3.0 更加注重用户的个性化，随着三网融合和大数据挖掘越来越成熟，通过大数据的智能化搜索，达到“私人定制”的效果。

8.3.1 O2O 商业模式

王吉伟在《“互联网+”未来发展十大趋势》一文中指出移动互联网带来的机遇就是O2O，而二维码是线上线下连接的关键入口。狭义来讲，O2O 就是线上交易、线下体验消费的商务模式，主要包括两种场景：一是线上到线下，用户在线上购买或预订服务，再到线下商户实地享受服务，目前这种类型的商业模式比较常见；二是线下到线上，用户到线下实体店亲身体验商品使用感受并确定商品的型号和规格，然后通过线上下单来购买商品。广义来讲，O2O 模式的核心是充分利用线上、线下各渠道的优势，通过企业或平台让价值和优势无缝对接，让客户感受到每个渠道都有不同的价值。

8.3.2　虚拟世界商业模式

陆国红（2014）把 Web3.0 视为网络经济的革命，是 Web2.0 商业模式的进化版。随着移动互联网的加速发展和智能手机的出现，人们的交流互动更加频繁。过去使用一个新网站需要注册账号，但是由于社交巨头发展壮大，现在只需用 QQ、微信、微博等社交账号即可登录。与此同时，网站的内容页更加优质化和个性化，网页甚至可以根据个人的历史操作数据结合大数据算法推算出符合个人喜好的精选内容。虚拟世界也可以像真实世界一样利用“虚拟货币”进行购物和消费，进而实现个人的自我价值，如利用 Q 币购买特权等。但随着互联网虚拟世界的逐步完善，互联网企业开始生产相互连接和关联的产品，以便更好地缔造各自的互联网帝国。以苹果公司为例，自 2007 年发布 iPhone 以来，苹果相继推出了 iPod、iPad 和 iWatch，同时借助苹果市场衍生出成千上万的应用和苹果社群，形成了一个巨大的互联网社会群体，人们在其中能够获得成就感、幸福感和归属感。

8.4　商业模式展望

2006 年，在美国华盛顿举行的军事通信会议上有学者指出，除了军事用途，互联网产业快速发展也在民用领域帮助人们解决了很多问题，Web3.0 的网络架构真正实现了节能高效的沟通、IP 地址与身份的分离、精确 IP 地址的位置感知、人与人的实时交流沟通、控制管理和数据平面的分离以及优质的服务。然而互联网产业的发展并未因目前取得的巨大成就停滞不前，未来互联网的发展将进一步智能化、人性化。

邬贺铨（2014）发现随着移动互联网的普及和移动互联网的 M2M（machine to machine，机器对机器）化，免费应用的占比不断提高，社交化的应用也在不断地增加，互联网也开始向智能化演进；随着物联网技术、VR、可穿戴设备和宽带网络技术的发展，大数据分析应用和政府信息逐步开放化，知识共享和以用户价值为中心受到更多关注；互联网所具备的便利性、时间碎片化的特点促使各个传统行业开始向互联网靠拢，而电信运营商、金融业务投资、融资平台也开始与互联网融合，同时制造业也开始向服务业转型。

2016 年，人们终于迎来了期盼已久的 VR，这一年也被称为 VR 元年。对于普通大众而言，VR 技术还是处于想象阶段的未来科技，然而越来越多的 VR 设备实实在在出现在人们的生活中，VR 技术正在逐步走向成熟。

随着 VR 技术的发展，增强现实（augmented reality，AR）也开始被提及。VR 是利用各种技术手段模拟产生一个三维的虚拟世界，而 AR 则直接在环境中进行全息投影。换言之，VR 是一种封闭式的体验，AR 则可以让用户在看到真实世界的同时也可以获得叠加在现实物体之上的相关信息。AR 在目前的环境基础上叠加的数字图像，让用户体验到现实与虚拟的无缝结合，目前谷歌眼镜就是AR设备的代表。

科技顾问公司Digi-Capital的调查报告、知乎游戏专栏，以及199IT中国互联网数据资讯网的资料显示，偏向AR/VR解决方案和服务、VR硬件、广告和营销、发行、应用和游戏、视频以及相关的外围设备等方面的投资正在快速增长。笔者对上述资料进行了总结，并概括出VR/AR潜在的商业发展模式。第一，硬件收入。Facebook花20亿美元收购VR设备制造商Oculus并非儿戏，苹果的利润大部分来自移动硬件市场所创造的利润，而未来当AR和VR的设备普及率提高时，硬件的销售利润优势会明显地凸显出来。第二，电子商务销售收入（商品和服务，非应用内购买）。阿里巴巴、亚马逊、易趣和众多初创公司将以全新的方式销售商品和服务，或许会取代一部分现有的电子商务/实体商业。第三，广告推广收入。2016年，全球三分之一的广告，中国一半的广告都是互联网/移动广告，因此AR和VR应用到移动互联网广告应该是企业更好的选择，因为VR和AR广告会比任何富媒体都更具沉浸感。第四，移动数据网络收入。随着移动设备普及率大大提高，除了少数硬件厂商可以赚钱之外，最高兴的应该是电信运营商。据YouTube网站估计，AR和VR所需要的全角度视频宽带是传统宽带的4~5倍，而人们要满足对高清和立体图像及声音的需求就必将为此买单。第五，企业B2B模式收入。AR厂商以及大量VR服务、解决方案提供商将很好地为市场提供服务，并将AR和VR技术推广到军事、医疗、教育、建筑、建设、维护等领域；与此同时，企业销售收入将极大地促进AR和VR技术的发展。第六，付费应用收入。对于移动开发商来说，虽然免费应用在用户群体中占据上风，但付费应用在VR/AR之中应该占有一席之地；用户体验越好，那么付费的可能性就越大。

第 9 章　互联网+

9.1　“互联网+”的概念

9.1.1　“互联网+”概念的提出

随着互联网的不断发展和人们对互联网实践成果的追求，“互联网+”这一互联网应用方式大受追捧。早在 2012 年易观第五届移动互联网博览会上，易观国际董事长兼首席执行官于扬就对“互联网+”的理念做出了相应说明。他指出今天这个世界上所有的传统行业和服务都应该被互联网所改变，如果有哪个没有被互联网改变，只能说明它蕴含的商机还没有被发现，一旦这种商机被发现，就一定能产生一种新的互联网格局。于扬还认为移动互联网只是“互联网+”的一个通道，而“互联网+”则是我们现在所熟悉的产品和服务与未来跨平台、多屏互动、全网链接等技术融合的化学反应过程，“互联网+”将重新改造和创造我们今天所有的产品和服务，实现真正的产业转型和价值创造。

马化腾说，“互联网加一个传统行业，意味着什么呢？其实就是代表着一种能力或者是一种外在的资源和环境，是对这个行业的一种提升”。马化腾认为互联网是一个可以被所有行业使用的工具，就像前两次工业革命诞生的蒸汽机和电力设备一样，能够被广泛地应用到各行各业，进而实现跨越性的变革。马化腾把互联网定义为第三次工业革命中的一部分，并将其视为第三次工业革命的工具，借助传统行业从业者们对互联网的理解和追捧将互联网进一步延伸为一种像电力和蒸汽机一样的能源形态，不过它属于信息能源，所有的行业都可以充分利用这种信息能源对原有产业进行变革，即将互联网与原有产业相融合，实现产业的互联网化；而没有把握这种机遇的企业就只能被时代无情地淘汰，就如同微信取代了短信，占据了运营商的通道，颠覆了传统运营商一样。

据新华网报道[①]，2014 年 11 月，李克强总理出席首届世界互联网大会时指出，互联网是大众创业、万众创新的新工具。其中“大众创业、万众创新”也是 2015 年政府工作报告中的重要主题，被称作中国经济提质增效、转型升级的“新引擎”，其重要作用可见一斑。互联网技术一方面能够提升制造业生产水平，增强生产能力；另一方面通过新的商业模式刺激民众消费欲望，能在一定程度上弥补投资乏力的短板，拉动经济良性向好发展。互联网技术的迅速发展以及随之而来的生产、消费、思维模式等的改变，已经深

① 新华网评：中国有了“互联网+”计划，http://www.gov.cn/zhengce/2015-03/06/content_2828868.htm。

深地影响和改变了每一个中国人。

自2015年7月4日国务院发布《关于积极推进“互联网+”行动的指导意见》以来，“互联网+”成为国家发展的重要战略布局。李克强总理在政府工作报告中提出，制定“互联网+”行动计划，推动移动互联网、云计算、大数据、物联网等与现代制造业结合，促进电子商务、工业互联网和互联网金融健康发展，引导互联网企业拓展国际市场①。

通俗来讲，“互联网+”就是将互联网技术和平台推广到各个领域，促进两者的融合和变革，因此最近流行的互联网金融、在线房产都是“互联网+”的成果。

整体来看，“互联网+”可以简单地理解为“互联网+各个传统行业”，但这并非两者简单相加，而是利用信息通信技术以及互联网平台，让互联网与传统行业进行深度融合，创造新的发展生态。因此，有学者认为从本质上来说，“互联网+”是对传统行业核心竞争力的改造和再提升，企业借助互联网工具提高自身的核心竞争力。“互联网+”突出体现了企业的创新精神和跨行业的变革精神，是互联网精神的最重要表现。

9.1.2 “互联网+”理解的误区

术业有专攻，虽然互联网为产业带来了技术变革，但产业的根源问题却只能由产业自身解决。英国经济学家凯恩斯认为，市场需求是有限的，要想不断地拉动消费需求，只能借助消费换代；美国管理学大师赫伯特·西蒙（Herbert Simon）认为，市场消费是有限理性的，因而越新鲜、越时髦、越个性、越昂贵的事物越被资本看好。因此当互联网在不同地域、不同时空不断给予消费者刺激，带给消费者个性化感受时，很多企业走入了“互联网+”的误区。

第一，“互联网+”并不是简单的实体经济相加，而是能源、交通和通信相互融合，搭建更有效率的平台，从而推动经济发展。尽管“互联网+”形成的平台可以帮助经济社会发展降低成本，提高生产力水平并改变企业的商业模式，如降低库存、减少积压，但仍难以保证实体经济的持续良好发展，因此关注虚拟经济的同时还需要链接实体经济。第二，在“互联网+”时代，许多工作开始转移给机器，但整个社会还是需要人管理。尽管机器学习已经相当发达，但仍难以深刻理解人类社会的文化、人与人之间的关系和人类生存的环境。第三，真正了解“互联网+”的人会认为，无论是“通信+”“大数据+”还是其他的“+”都是技术手段，而互联网本身不止一个技术，它之所以用到大数据和通信等各种手段，都是为了实现人与人、人与物、物与物的实时互联。“互联网+”的核心就是人，要提高人的效率，让每一个单点的人都成为世界的中心。

“互联网+”实现了价值传递、价值创造和用户价值再造。价值传递中，信息流、资金流、物流被重构；价值创造中，用户参与产品的设计和制造，品牌销售也开始由消费者购买信任转变为情感信任；用户价值再造则将重心从大量用户转移为个体用户服务。因此，“互联网+”的实质是企业设计环节的整合，它借助生产者和消费者之间的沟通实

---

① 政府工作报告——2015年3月5日在第十二届全国人民代表大会第三次会议上，http://www.gov.cn/guowuyuan/2015-03/16/content_2835101.htm。

现企业生产效用的最大化，同时“互联网+”削减了传统行业中企业冗余和低效的环节，促进了信息的双效沟通。

9.2 “互联网+”的发展

9.2.1 “互联网+”的发展基础

“互联网+”是借助网络经济的便捷性、直接性、渗透性、可持续性和创新性发展建立起来的，其便捷性打破了原有时间和空间的限制，与传统劳动有限的经济价值创造时间相比，网络经济可以 24 小时不停转地创造价值；同时网络经济缩短了商品交换的中间环节，并对信息流、物流和资本流重新构建；网络经济已经融入人民群众的生活中，上升到三大产业的结构中，创造出不曾出现过的利润空间和利基市场；网络经济还加速了信息共享时代的到来，可以在很大程度上减少传统工业生产对有形资源、有效能源的过度消耗，减缓环境污染和生态恶化，实现社会经济的可持续发展。

商业创新思维的发展促进了“互联网+”的实现。最初受互联网共享精神的影响，人们迫不及待想要分享自己的情感；之后随着长尾理论、大数据理论、双边市场理论和平台战略理论的成熟发展，企业开始针对用户的感受和体验制定新的商业模式。长尾理论认为只要产品存储和流通渠道足够多，那些无人问津的利基市场的产品的需求总量可能会超越热销产品的需求总量；大数据理论认为随着互联网数据逐步增多，企业可以借助大数据分析实现企业经营决策、营销和创新决策以及消费者个性化需求满足策略的制定；双边市场和平台战略则认为在这一背景下，“互联网+”应运而生。它是各种产业与互联网关联的必然手段和结果，其所产生的平台效应则能帮助消费者和企业之间建立良好的供需连接，进而有效实现供需匹配。“互联网+”像一个大型平台，凝聚能源、交通、通信等各大产业的力量，共同推动经济发展。

9.2.2 “互联网+”的发展本质

“互联网+”打破传统渠道的“连接”关系，实现线上线下渠道的对接，释放社会闲置资源，深入挖掘人们的需求，同时利用互联网技术打通原有产业中的信息不对称环节，从而实现多维度、多产业的共赢。简单而言，“互联网+”消除了产品生产者和消费者之间冗杂的供应链环节，回归到“一手交钱一手交货”的原始货物交换状态。

从消费者层面看，“互联网+”的本质可以被理解为给消费者提供独一无二的价值。与企业之前以产品为主创造价值的情况不同，“互联网+”情况下，企业价值创造始终以消费者为核心，以满足消费者需求为目的，不断地吸引客户进入其感兴趣的领域，收集客户的需求信息，最终借助大数据等分析工具不断修正企业的用户需求画像，最终为客户提供精准的服务。尽管不同行业中的企业提供的产品和服务有所不同，但都可以利用互联网寻找和分析用户的数据，进而为用户提供独一无二的价值。

"互联网+"做到了真正地重构供需。在互联网与传统行业的跨界融合过程中，"互联网+"不仅提高了企业效率，更是在供给双方均有增加的情况下帮助企业构建新的流程和商业模式。在供给端，"互联网+"挖掘小众市场的潜力，将原本的闲散资源充分利用；在需求端，"互联网+"创造原本不存在的消费场景，提供各式各样的消费平台。两者结合，其实就是常说的"共享经济"。由此可见，"互联网+"的本质是整合线下的闲散物品、劳动力、教育医疗等资源，共享社会资源，以不同的方式付出和受益，共同获得经济红利。

9.3 "互联网+"产业发展

互联网产业是指以生产者为用户、以生产活动为主要内容的互联网应用，贯穿着企业生产经营活动的整个生命周期。它将互联网提供的技术、云端的资源和大数据分析，渗透到传统企业的设计、研发、生产、融资和流通等各个环节，帮助企业重构内部的组织架构，改造和创新生产经营和融资模式以及企业与外部的协同交互方式，改变企业的运营管理方式与服务模式，从而帮助企业提升效率、降低成本、节约资源并且实现协同发展。

然而当前中国产业结构仍存在很多问题，这导致"互联网+"产业难以高效率地成长、发展。首先，中国产业结构复杂，产业业务链条长，需要对大量的基础设施和设备进行改造；其次，互联网思维难以在各个年龄层次普及，对产业组织的变革要求越来越高。由此来看，若不进行系统的组织变革，单纯依靠信息技术，很难推动互联网产业的快速发展。

互联网产业发展是大势所趋。一方面，它迎合了广大消费者的客观需求；另一方面，它能够真正实现以用户需求为导向、用户参与式的供给与消费模式。单纯增加投资，以消耗物资来促进"互联网+产业"发展的策略是不可取的。只有提高产品或服务的内在价值，依托宽松的政策环境，以思维和观念改变为基础，才能推动组织变革，同时培育新生代互联网技术与人才资源，促进"互联网+产业"高效发展。

之前，互联网对传统行业的改变主要集中在第三产业，但如今这一变革也逐步延伸到第一产业和第二产业。整体来看，互联网正在跟生产、消费各个环节融合，而它对新行业的催生才刚刚起步。在过去的 20 年中，互联网产品从早期单一的电子商务，发展到现在包含 3D 打印、智能制造、大数据、云计算等多样化产品，互联网的功能已不再局限于企业的营销推广，开始向渠道、市场、产品和服务等多个方面进行转化，如借助网络进行产品设计、销售、推广和服务的小米公司。现在互联网已经开始全面改变和颠覆包括金融、教育、旅游、健康、物流等在内的传统行业，它的发展变化已势不可当。

根据中国国家统计局的规定，第一产业指以利用自然力为主，生产不必经过深度加工就可消费的产品或工业原料的部门，其范围各国不尽相同，一般包括农业、林业、渔业、畜牧业和采集业。第二产业指对第一产业和本产业提供的产品（原料）进行加工的产业部门，一般划分为采矿业、制造业、电力、燃气及水的生产和供应业、建筑业。而第三产业则指流通和服务两大部门，主要包括交通运输、商业饮食、生活服务、教育文化、金融、保险、不动产业、通信业、服务业及其他非物质生产部门等，通常除一、二产业之外的都包含在第三产业中。笔者将从三大产业的角度分别阐述“互联网+”的发展。

9.3.1　“互联网+第一产业”

中国是传统的农业和畜牧业大国，拥有良好的第一产业基础和广阔的市场发展前景。“互联网+第一产业”就是对传统第一产业的升级，它把第一产业中从生产到销售的各个环节紧密结合在一起，并利用商贸、物流等体系，对第一产业进行现代化、信息化和科技化的全面变革，使得第一产业可以释放更多的发展能量，额外创造更多的价值。

互联网时代到来后，新的基础设施、劳动和价值创造要素以及组织分工方式也随之出现。以电子商务为主要形式的新型流通模式快速崛起，给传统行业的流通主体、组织方式和上下游影响等方面带来积极的创新与变化。随着互联网的普及，越来越多的农民与合作社离开传统集市，在互联网上销售产品和服务，在提高议价能力的同时还可以拓展市场范围。传统的批发商们也把手中掌握的丰富资源转化为网络收益，与电子商务进行对接，实现当地市场的精准投放和快速配送。

互联网对传统农业的改革主要是两点，一是利用互联网的渠道价值，如促进农产品的流通；二是利用互联网技术提升管理水平、对农业进行智能化升级。于守武和顾佳妮（2015）研究发现“互联网+农业”可以从农产品流通角度出发，借助互联网平台实现线上交易，同时借助互联网技术改变传统的营销、流通和服务策略。农业是国民经济的基础产业，网络信息化是推动经济社会变革的重要力量，互联网农业解决了传统农业发展所存在的信息闭塞、产业链复杂等问题。在互联网对农业的改革中，农产品实现了从生产到售出的全程透明化。借助物联网监测和大数据分析，农户能够精准掌握市场需求，有效减少产品滞销和缺货的情况，大大降低单位供货成本，从而提高农户自身收益。高伟（2015）提出利用数据分析带来的智能化管理技术，帮助农户实现农产品生产和加工过程的自动化、智能化、标准化、可溯化、低成本化和高产化，例如湖北省长阳县开发的“手机导航种地系统”包括测土配方、作物栽培、病虫诊断等多种技术，能够实时指导农业生产。

目前，互联网与农业的跨界融合主要体现在以下几个方面。首先是农业生产的数字化改革。通过对收集的农业数据进行大数据分析，可得到某特定农业生产区域的播种、施肥、收割等相关的解决方案。其次是农业咨询和服务的在线化。农业信息咨询网站能为农户提供政策、市场、价格趋势等全方位的信息。最后是农产品销售的电子商务化。借助快速发展的农产品电子商务平台，帮助农产品拓宽销售渠道，如蔬菜、水果等借助网络可以直接从原产地送达消费者手中，消除以往存在的多层转运加价的中间环节，减少损耗，降低销售成本，使农产品销售环节简单化、信息透明化，为生产者、消费者创造更多的价值。

9.3.2 “互联网+第二产业”

互联网与各行各业融合创新的步伐加快，其产生的化学反应和放大效应不断变革研发设计、生产制造和营销服务模式，成为制造业转型升级的新引擎。汽车、家电、消费品等行业加快与互联网的融合，众包众设研发模式、大规模个性化定制等“互联网+”与制造业融合创新的应用模式不断涌现。传统行业中的企业有望借助电商、大数据等技术对企业运营模式进行优化，并对企业网络零售和网络分销进行数据化变革，最终实现产业的积极转型和业务的全面改造。2020年的《互联网+制造业研究报告》[①]指出定制消费趋势的出现预示着个性化消费时代的到来，这既是一种新的消费现象，也蕴含着深刻的经济背景，它将引发传统产销模式的重大变革。

智能制造最早由IBM公司提出，后被德国进一步改良和发展。现在全球几大工业国家也开始引入智能制造的概念，并借助信息技术对传统工业进行改造升级，最终提升国家的整体工业制造水平，实现智能制造的产业布局。智能制造体现了中国“互联网+”对“第二产业”的改造，也是“互联网+工业”的产业升级。

在智能制造产业方面，德国将信息技术导入到现有的工业体系中，使后者智能化、虚拟化，进一步提升工业的先进性；美国借助信息技术的工业化，达到新的工业先进水平。中国作为制造业大国，目前尚未进入世界级制造业强国的行列，仍处于西方国家经历过的工业2.0和3.0时代。中国既没有德国在传统工业领域的雄厚基础，也缺乏如美国那样引领世界信息技术发展的先进科技，因此中国要想发展“智能制造”就必须在提升当前工业水平的同时，积极引入信息技术。

你知道吗？

德国工业4.0的发展

要了解工业4.0，首先要知道工业发展的历史。工业1.0，即机械化，以蒸汽机为标志，用蒸汽动力驱动机器取代人力，从此手工业从农业分离进化为工业；工业2.0，即电气化，以电力的广泛应用作为标志，用电力驱动取代蒸汽，零部件生产和产品装配实现分工，工业进入大规模生产阶段；工业3.0，即自动化，以PLC（programmable logic control，可编程逻辑控制）和PC的应用为标志，机器取代了部分体力劳动，产能开始过剩。传统工业生产中，制造商生产和销售环节的侧重点不同，前者倾向于生产过程控制，后者倾向于财务信息控制，所以这两个部门的交集很少。另外，由于传统工业产品生命周期长，有问题进行简单的沟通就能解决。因此，传统工业中，产品生产和销售并不需要建立完善的沟通机制。然而互联网的发展导致产品周期缩短，人们越来越青睐个性化和小批量的快速生产模式，所以生产和销售这两个部门间迫切需要实现自动化和信息化的连接，这就是智能制造和“互联网+工业”，德国将其称为工

① 报告来源于http://www.ocn.com.cn/us/zhinengzhizao.html。

业 4.0，美国叫工业互联网，我国称之为两化融合。

信息化与工业化的融合催生出了“工业 4.0”，即利用互联网、物联网、云计算将工业生产中的供应、制造、销售环节数据化，实现快速、有效、个性化的产品供应。德国为了达到社会和经济领域的具体目标，集政治、科学和产业之力率先实施了工业自动化，而工业自动化是德国得以启动工业 4.0 的重要前提之一，现主要应用于机械制造和电气工程领域。目前在德国和国际制造业中广泛采用的“嵌入式系统”，正是将机械或电气部件完全嵌入到受控器件内部，是一种为特定应用设计的专用计算机系统。由此可见，工业 4.0 是涉及诸多企业、部门和领域，以不同速度发展的渐进过程，而它也必将促使企业间进行跨行业、跨部门协作。

目前，工业 4.0 的发展从智能生产开始，通过射频识别技术（相当于二维码扫描）为客户定制个性化的产品；利用智能产品，如智能手环、智能跑鞋、智能自行车等，作为数据采集终端收集数据，并借助互联网将数据传输到云端进行管理；同时借助大数据分析技术对智能产品采集的数据进行分析，进而了解客户的需求变化、产品的使用情况等，及时为顾客提供个性化的服务；企业也能利用大数据准确分析并预测消费者的需求，借助网络渠道实现广告的精准营销和推送。可以预见未来的工业生产将具备更多的灵活性，设计、生产、包装、销售和服务都可以灵活地拆分和重组，创业者不用再在自建工厂和 OEM（original equipment manufacturer，定点生产，俗称代工生产，品牌生产者不直接生产产品，而是利用自己掌握的关键的核心技术负责设计和开发新产品，控制销售渠道，具体的加工任务通过合同订购的方式委托同类产品的其他厂家生产，之后将所订产品低价买断，并直接贴上自己的品牌商标生产）之间纠结。当然，随着智能制造的发展，工业也可能会反过来影响互联网行业，就像科幻世界里那样：“当人类生活和工作严重依赖的数据被计算机精确地控制后，人类的大部分体力劳动和脑力劳动都将被机器和人工智能所取代，所有当下的经济学原理都将不再适用。”搜狐网在《什么叫工业 4.0》专栏中提出这就像黑客帝国一样细思极恐，但转念一想，机器智能可以取代人的技术劳动，但像爱、责任、勇敢、对自由的向往和永无止境的奋斗等情感是机器永远无法学习和取代的。

“互联网+工业”考虑的也是互联网对工业的渠道、生产和管理的改变，因此实现的是工业尤其是制造业智能化生产、匹配的快速发展。工业互联网发展需要融合三个要素，第一个要素是智能要素，即借助传感器控制、软件应用和传输速度等方面技术的提升，把各个软件的应用程序紧密结合。第二个要素是高级分析方法，即借助预测算法、材料科学和互联网信息转换的增加，使来自不同设备制造商的相似资产或不同资产种类的数据形成新的数据标准。第三个要素则是工作人员要素，即通过建立员工之间的实时连接，实现更为智能化的产品设计、操作和维护以及更高质量的服务与安全保障。互联网是信息化与工业化融合发展的重要平台，而互联网的交互则催生了社交化的制造平台，使得用户及产品设计能够在同一平台上进行互动，并形成一种新的生产格局。互联网不只是与工业的某个门类融合，而是“侵入”所有传统工业门类，也不只是与工业企业的某个环节融合，而是与采购、设计、生产、销售、客服等多个环节融合。

中国科学院2014年发表的文章《工业互联网发展与“两化”深度融合》[①]提到，目前，中国的机器技术还不成熟，企业如果要实现超预期的经营效果，还需要进一步完善数据分析和预测算法。智能工业的核心价值仍然是大数据处理，因此数据保存、处理和安全涉及的有效性问题仍亟待解决。人机配合是互联网工业的终极目标，因此专业人才和复合型人才的培养和引入仍需重点关注，互联网工业属于交叉学科的综合运用，因此还需要大量软件分析和数据分析的复合型人才。

9.3.3 “互联网+第三产业”

第三产业包含的范围十分广泛，从交通零售到餐饮住宿、从金融房产到教育服务，还有医疗文化娱乐以及与大众日常生活息息相关的服务行业都属于第三产业，因此我们对于这些方面的活动感受更加深刻。

“互联网+”最先应用到第三产业，形成了诸如互联网金融、互联网交通、互联网医疗、互联网教育等新业态，之后才逐渐向第二和第一产业渗透。“互联网+”的关键是互联网与传统行业的结合，而整个第三产业都和互联网有非常强的结合点，尤其是O2O的结合。O2O就是从线上到线下，通过互联网独有的技术方式，提升线下资源的利用效率，进而刺激消费。

互联网金融是热门话题，宫晓林在《互联网金融模式及对传统银行业的影响》一文中提出它主要是互联网借助软件产品形态对传统金融业进行专业化的分工，使得某些单独的功能可以被大众自主运用，如手机银行、余额宝、二维码支付消费和在线理财。另一个对人们生活有重大影响的“互联网+第三产业”是互联网交通，借助互联网的共享精神，对渠道发展、内容服务等多个环节进行改造，如最早兴起的网上购票、网络导航系统，现在的滴滴打车。互联网旅游和互联网医疗从互联网的信息管理入手，比如景区游客管理、智能路线推送、网上预约挂号、在线健康服务等。互联网饮食专注于便捷的外出就餐和送餐上门服务，互联网教育则主要打破时间和空间壁垒，将重点放在远程在线教育领域。

移动互联网独特的社交属性促进了“互联网+第三产业”快速发展，让服务业与消费者之间的距离越来越近，而互联网对传统第三产业的改造、发展的基础是智能终端的普及。每一部智能手机背后都隐藏着一个独特个性的人，而互联网的改造则帮助传统服务业准确掌握到每一个消费者的信息，如通过各种账号的联通作用，线下服务业把自己的客户关系管理系统搬到互联网上进行管理。

互联网技术催生新的增值服务，改变服务业价值链的价值分布。大数据分析使企业有机会把价值链上更多的环节转化为新的战略优势，从而开辟出全新的收入增长点。中国快递行业2014年的发展报告指出娱乐文化业和快递服务业近些年的发展尤为迅速。在网络零售持续增长的带动下，在2006年至2013年之间，快递业务总量翻了3倍，年均增幅达到36%，从2014年开始，市场规模位列全球第一。而互联网娱乐以较为成熟的电影行业为主，发展IP粉丝经济，以明星或虚拟IP（IP代表了一个故事、一个角色或者是

① 李培楠，万劲波. 工业互联网发展与“两化”深度融合[J]. 中国科学院院刊，2014，29（2）：215-222.

任何大量用户喜爱的事物）为核心，围绕其展开各种线上和线下的互动，拉动消费需求。

目前，“互联网+第三产业”发展迅速，主要体现在交通、教育、医疗和服务领域。“互联网+交通、旅游”推动资源共享，智能 GPS 帮助解决交通拥堵问题，打车软件减少用户的打车时间，在线旅游去中介化的服务和评价分享机制则改善了用户的旅游体验。“互联网+医疗”有效解决了患者挂号难的问题，可穿戴医疗设备帮助医院更好地了解患者病情，以医患实时问诊、互动为代表的新型医疗社群模式将逐步取代传统的以医院为中心的就诊模式。“互联网+教育”考虑学生的实际情况，提供多样化、个性化需求，尊重学生和老师，赋予学生自主选择和决定权，在线教育企业不断推出风格迥异的移动终端，方便学生在各种环境下利用碎片时间进行自主学习，从而提高时间利用率，打破传统教育对环境、时间要求高的瓶颈。“互联网+服务”体现在传统行业与 O2O 的结合，为用户提供最大便捷的实惠与服务。

你知道吗？

MOOC 的发展给高等教育带来了新的机遇

在线教育，并不是什么新鲜事物，曾经风靡一时的网络公开课就是在线教育的一种。2011 年，MOOC（慕课）作为一种新型的在线教育课程模式，受到了广大学者的热捧。

MOOC 的兴起并非偶然，主要受到三个因素的影响。杨劲松等学者认为：一是因为互联网技术的进步和设备的普及，降低了在线教育的技术门槛；二是传统教育的滞后，使得人们对新的教育形式的需求增加；三是因为高等教育成本的大幅攀升，使得人们迫切需要一种低成本高质量的教育模式。而 MOOC 免费、高质量的在线教育形式恰好契合了这一市场的发展要素和需求。

2012 年 5 月，麻省理工学院和哈佛大学联合推出 MOOC 在线免费学习教育平台；2012 年 12 月，英国 12 所高校联合建立了一个名为“未来学习”（FutureLearn）的 MOOC 平台；2013 年 4 月，欧洲 11 个国家联合推出的 MOOC 网站 OpenupED 正式上线；同年，国内高校也开始纷纷加入 MOOC 平台并发展课程联盟。MOOC 借助互联网这一载体的优势收集海量级知识，使参与者知识获取进度产生的压力与参与者自己的动力较好地融合，最终实现知识传播与优质知识的自然筛选。同时，互联网带来的新媒体技术促进了知识传播和学术社交发展，加强了各地区学校学术和文化的交流与传播。

然而，MOOC 在带来机遇的同时也面临着不少挑战。王文礼学者从机遇的角度探究了 MOOC 的发展及其对高等教育的影响，他认为 MOOC 借助互联网特有的便捷、渗透、创新和可持续的优势，免费开设大学中昂贵的课程，并利用社会化媒介和移动设备来提升学习效率和教学过程，同时扩大国际化课程的交流。就挑战而言，传统高校拥有完善的教学计划和学生培养体系，具备规模效应，而 MOOC 作为在线教育，本身难以保证课程质量，很难实现现实教学中的师生互动和对学生的因材施教。虽然当前无法断定这一波新的互联网教育浪潮是否会对传统的大学教育体制产生根本性冲击，但从目前来看，至少对于那些无法进入大学学习的人而言，MOOC 是非常优秀的替代品。

1. 互联网金融

以互联网为代表的现代信息科技，尤其是移动支付、社交网络等对人类金融模式产生了颠覆式的影响。《新金融评论》发表了一篇名为《互联网金融模式研究》的文章，学者们认为在互联网金融模式下，支付更加便捷，信息处理和风险评估通过网络化方式进行，市场信息不对称程度降低，一定程度上替代了传统的银行、券商和交易所，如手机银行和支付宝等。虽然互联网金融存在巨大的商业机会，将促成竞争格局的大变化，但同时也引发一系列监管方面的难题。笔者便从支付方式、信息处理和资源配置三个角度对互联网金融进行阐述。

第一是支付方式。支付作为金融的基础设施，影响着金融活动的形态。互联网金融模式下的支付方式以移动支付为基础，通过移动通信设备和无线通信技术来转移货币价值，用以清偿债权和债务的关系。移动互联网的普及和多网融合保证了移动支付的快速发展，不仅方便了日常生活中的小额支付，也解决了企业之间的大额支付问题。第二是信息处理。金融信息中，最核心的是资金供需双方的基本信息。社交网络让人与人之间的“社会资本”可以快速积累，降低金融交易的信息不对称成本；同时借助社交网络的便捷性，交易双方可以快速了解对方，进而降低金融交易的风险；另外网络对信息的收集和存储也加强了对人们的“道德约束”，提升了人们的“诚信水平”。整体来看，借助云计算、信息搜索和社交网络数据收集等技术，金融交易的信息不对称问题能够得到有效解决，进而提升整个金融行业的信用资质和盈利能力。第三是资源配置。资金供需信息直接在网上发布并匹配，供需双方直接联系和交易，不需要经过银行、券商或交易所等中介。比如众筹融资代替传统银行证券业务，一些机构借鉴人人贷模式或社交网络信息解决中小企业融资难问题。

2. 互联网娱乐

对于传统文娱行业的大佬而言，“这是一个最好的时代，也是一个最坏的时代”这话最能描述他们对互联网时代的体悟。贾晶晶在“互联网+”的背景下对泛娱乐产业的发展趋势进行了分析与思考。在互联网时代催生的新经济形态下，跨界融合使互联网公司从“搅局者”变成了文化娱乐产业地盘的强势分割者和引导者。“互联网+娱乐”主要是对游戏电竞市场、影视娱乐市场和体育竞技市场的改造。腾讯视频开始整合体育资源，2016年，腾讯取得中国NBA数字媒体独家官方直播的授权；百度也不甘示弱，成立百度文学，整合旗下贴吧、书城、音乐资源，对原创网络娱乐文学开始投资推广，成为改编成影视游戏的资源前端；而阿里作为电商巨头，收购文化中国，成立阿里影视，结合优酷土豆的视频网站稳定的观众流量，融合线上线下平台发展影视娱乐产业。

互联网娱乐创造出一种“打造明星IP”的粉丝经济文化，其核心是IP。孙冰认为中国最有名的IP是“美猴王”，作为中国本土的超级IP，美猴王已经可以承载民族、文化甚至国家等多方面的标签，足以承载传统文娱业的大跨界；而国外的IP案例更多，从迪士尼动画人物到漫威经典的超级英雄都形成了一个巨大产品群，这些产品群在粉丝经济的推动下得以快速发展。互联网时代下，自媒体的流行和移动互联网的使用会继续推动粉丝经济的快速发展。

你知道吗？

阿里巴巴的娱乐方式

对于阿里巴巴来说，2014年是非常重要的一年，除了9月20日在纽约证券交易所上市之外，阿里巴巴还在4月28日宣布与优酷土豆形成战略投资与合作伙伴关系，同时收购文化中国并改名为阿里影业，完成了互联网文化娱乐行业的布局。

阿里巴巴的战略定位自2014年起便开始集中于对互联网基因和电商平台优势的挖掘，主要表现在以下三个方面。其一，开展以“阿里IP”为核心的电影业务，通过合作产生1+1>2的效果，既能在电影投资中赚得一笔可观收入，又能充分发挥互联网优势，开发出更多的互联网价值。其二，颠覆传统电影业的运作模式，加入在线购票大军，冲击传统发行放映机制的同时开发全新增值娱乐平台，开创融资新途径。其三，增加基于电商平台优势的文化消费，增强影视传播与电子商务的共生性和互补性，如2015年“双十一”狂欢节晚会，打造了边看晚会边购物的新型购物潮流。随着VR技术的发展和IP建设的不断深入，阿里巴巴依靠整体大数据产业链的运作不断地提升自身竞争力。

9.4 互联网+的发展及挑战

可以看出，互联网正在从衣食住行各个方面改变我们的生活习惯，让我们的生活更加智能化。王甲佳（2015）指出“互联网+”提供了重复使用的“红利”，即在原有服务的基础上让你体验不一样的东西，而借助互联网工具和资源我们可以汲取和使用这种红利。支付方式的红利在于第三方支付工具发达，交易环节可以先付款；而企业运输和销售的红利在于打破销售的时间和空间壁垒。诸多的红利使得许多小微企业也可以像大公司一样受益，所以“互联网+”既是对互联网资源、工具、能力的运用，也是对互联网红利的汲取，同时对生态圈中的不同角色进行联结、渗透和改变。

9.4.1 “互联网+”未来的方向

随着网络5G等技术的不断发展，未来“互联网+”的重心可能会集中于移动互联网、物联网和云计算等领域。结合网络评论，笔者认为未来涉及第三方服务领域的互联网技术，如大数据、云计算、3D打印和智能机器人等都可能会随着互联网的技术升级而出现爆发性的变革，而这些变革在给我们的生活和服务带来巨大便利的同时也隐藏着巨大的商机。

目前市场上的需求都可以通过“互联网+”得到有效满足。在刚性需求方面，以职业培训中的外语学习和驾驶学习为例，人们可以借助在线教育满足外语培训需求，也可以借助网络约车来满足自主学车需求。在非刚性需求方面，人们可以借助互联网的链接效应和长尾特征实现自己个性化需求的匹配，进而满足自身的非刚性需求。

此外，市场上很多互联网企业希望能够切入传统市场，增加自身的流量、提升利润转化率；而很多传统企业也希望能够进行互联网变革，增加自身的流量、拓展销售市场。因此，促进互联网企业与传统企业之间的融合交流，实现用户—流量—利润的有效转化成为“互联网+”的另一发展趋势。

9.4.2 “互联网+”面临的挑战

处于经济转型下的中国，把互联网定位为未来的产业方向，在这一背景下，部分传统企业抛弃自己的主业去做互联网。然而，这种对互联网的盲目追求会导致经济发展的严重不稳定，事实上2001年就已经产生过一次“泡沫”。因此，根据国家对“互联网+”发展的规划，我们应该更加理智地看待创业和变革。搜狐新闻网对互联网行业存在的问题进行了归纳。

1. 秩序混乱

市场发展离不开管理和秩序，否则将产生诸多负面效应，线上虚拟市场也不例外。近年来，随着网民数量的快速增长，线上虚拟市场规模迅速扩大，而相应的市场监管则跟进较为缓慢，导致种种问题。安全漏洞给网民的生命和财产带来了安全隐患，恶意程序、钓鱼软件、黑客攻击等互联网常见的安全威胁则让网民的隐私和权益常常遭到侵害。消费者隐私信息泄露、网络支付账号被盗的新闻时有曝出，互联网信息安全问题与每一个用户息息相关，且表现形式多种多样，不容忽视。

2. 市场垄断

中国互联网企业三巨头BAT，在各自的专业领域内都具有一定的垄断地位，对中国中小互联网企业的长期可持续发展造成一定的负面影响并遏制行业创新。中小互联网企业无法与互联网巨头进行正面竞争，只能走差异化路线，对局部细分市场进行深耕，或者执行“蓝海战略”开拓新市场。然而，一旦中小互联网企业的创新取得初步成效，互联网巨头便迅速模仿、跟进，凭借其巨大的资金、人才、技术、用户规模等优势快速抢夺市场，导致创新者收益甚微。同时，行业的垄断可能造成利润垄断，虽然现在市场上表现并不明显，但最终买单的还是消费者。

3. 经营风险

许多互联网企业看到大企业原始股东从IPO中获得了高额的投资回报，便纷纷效仿。中小互联网企业不顾成本地开发新产品，投入大量资金实施折扣优惠、返券补贴等市场推广策略，同时利用免费产品定价模式降低用户的进入门槛，以期获得大量的用户和流量。这种不计成本、只追求市场份额和用户规模并期望借助企业上市后的资产翻倍来获取大额利润的做法，导致企业的商业运营模式出现了诸多漏洞。一旦企业融资失败或资金链断裂，企业可能会瞬间垮掉，而这种风险和损失最终也将转移给市场投资人和消费者。向“BAT”学习没有错，希望获得高额的投资回报也没有错，殊不知互联网巨头“BAT”

都是经过十几年的发展和积累才取得如此高额的投资回报的。

4. 过度刺激

“廉价”和“免费”是当前中国互联网产业促进消费的重要手段，线上产品往往比线下产品便宜，而且受政策影响，运营商的基础网络费用也在不断地下降。学过经济学定律便知道，在其他条件基本不变的情况下，商品市场的需求会随着价格的下降而增加。但是互联网行业“免费”策略可能会过度刺激消费，导致消费者提前消费，进而使得消费量瞬间快速增长然后停滞不前，还有可能随着不断降价而消费需求递减，因此“免费”模式的促进效果有限且不稳定。

9.5　小结

“互联网+”带来的是一种全新的经济形态，虽然其外在表现是互联网与传统行业的融合，但其核心还是互联网对思维观念的转变。互联网强调个人的参与感，只有参与其中才能感受到互联网带来的自由、共享和个性，因此用户至上才是“互联网+”的基础；而以用户为中心，让其参与产品和服务的设计，并由此创造出价值来满足用户需求才是“互联网+”的内涵。新兴的互联网企业应该摒弃恶性的价格战竞争，脚踏实地地经营产品，重视企业的长期可持续发展，不断改善产品和服务的质量，重塑并巩固企业可持续发展的核心竞争力。

参考文献

安德森 C. 2009. 免费：商业的未来. 蒋旭峰，冯斌，璩静，译. 北京：中信出版社.

苍鹘. 2012. 132 岁时轰然倒下 柯达帝国没落启示录. https://business.sohu.com/20120124/n332927249.shtml[2012-01-24].

陈明亮. 2015. 德国工业 4.0 的真相. 宁波经济：财经视点，9（3）：45-47.

高伟. 2015. 当“农业”站在“互联网+”风口. 种子科技，33（6）：9.

宫晓林. 2013. 互联网金融模式及对传统银行业的影响. 南方金融，（5）：86-88.

胡启恒. 2013. 互联网精神. 科学与社会，3（4）：1-13，42.

纪慧生，陆强，王红卫. 2010. 基于价值的互联网商业模式设计. 北京邮电大学学报（社会科学版），12（3）：48-55.

贾晶晶. 2015. “互联网+”时代泛娱乐产业发展趋势分析与思考. 新闻知识，（7）：91-92，86.

金宏伟. 2017. 长尾理论只是二八定律的补充. 中国中小企业，1：70-73.

金焕民. 2015. 迎接“互联网+”，你得知道加什么. 销售与市场，（5）：1.

克里斯滕森 C. 2001. 创新者的窘境. 吴潜龙，译. 南京：江苏人民出版社.

李东升，周恩浩，鹿海涛. 2008. 论互联网商业化趋势与互联网精神. 科技风，（6）：101.

李海舰，田跃新，李文杰. 2014. 互联网思维与传统企业再造. 中国工业经济，10：135-146.

李江. 2015. 中国互联网早期发展中互联网创新能力的溯源与探究. 杭州：浙江传媒学院.

李培楠，万劲波. 2014. 工业互联网发展与“两化”深度融合. 中国科学院院刊，29（2）：215-222.

刘畅. 2008. “网人合一”：从 Web1. 0 到 Web3. 0 之路. 河南社会科学，（2）：137-140.

陆国红. 2014. Web3. 0 时代的网络经济革命：理念，技术和实践. 商业经济，17：66-68.

罗珉. 2003. 组织管理学. 成都：西南财经大学出版社.

罗珉，李亮宇. 2015. 互联网时代的商业模式创新：价值创造视角. 中国工业经济，（1）：95-107.

罗泰晔. 2009. Web3. 0 初探. 情报探索，（2）：101-103.

孟小峰，慈祥. 2013. 大数据管理：概念、技术与挑战. 计算机研究与发展，50（1）：146-169.

孙冰. 2015. “互联网+娱乐”，传统文娱业大跨界. 中国经济周刊，（16）：66-67.

孙怡. 2011. 基于双边市场理论的移动互联网应用平台研究. 北京：北京邮电大学.

王国红，唐丽艳. 2010. 创业与企业成长. 北京：清华大学出版社.

汪寿阳，敖敬宁，乔晗，等. 基于知识管理的商业模式冰山理论. 管理评论，27（6）:3-10.

王吉伟. 2016. “互联网+”未来发展十大趋势. 信息与电脑（理论版），（9）：5-7.

王甲佳. 2015. “互联网+”的价值在于能力互联. 软件和信息服务，（5）：60.

王芹. 2008. 数据业务平台定价模式研究——基于双边市场理论的定价模式探讨. 北京：北京邮电大学.

王文礼. 2013. MOOC的发展及其对高等教育的影响. 江苏高教,（2）: 53-57.
王雪冬，董大海. 2012. 商业模式的学科属性和定位问题探讨与未来研究展望. 外国经济与管理，34(3)：2-9.
王媛. 2007. 浅析Web2. 0的商业模式. 北京邮电大学学报（社会科学版），9（1）：1-5.
邬贺铨. 2014. 2014年互联网产业变革展望. 互联网天地，（5）：1-11.
乌家培. 2000. 网络经济及其对经济理论的影响. 学术研究，（1）：4-10.
吴峰，田蕊. 2009. 网络环境下浅谈病毒式营销. 商场现代化，（11）：106-108.
吴建根. 2012. 美国网络经济发展研究. 长春：吉林大学.
吴君杨. 2002. 网络经济研究. 北京：中共中央党校.
谢平，邹传伟. 2012. 互联网金融模式研究. 金融研究，（12）：11-22.
杨华龙. 2012. 互联网将成为全球“第五大经济体”. 央视网. http://news.cntv.cn/20120323/107727.shtml. [2012-03-23].
杨劲松，谢双媛，朱伟文，等. 2014. MOOC：高校知识资源整合与共享新模式. 高等工程教育研究，（2）：85-88.
杨敏，郑杭生. 2013. 西方社会福利制度的演变与启示. 华中师范大学学报（人文社会科学版），52（6）：25-35.
于守武，顾佳妮. 2015. 传统农业的升级发展——互联网+农业. 现代经济信息，13：308.
原磊. 2007. 国外商业模式理论研究评介. 外国经济与管理，2007，（10）：17-25.
原磊. 2008. 商业模式分类问题研究. 中国软科学，（5）：35-44.
赵大伟. 2015. 互联网思维独孤九剑. 北京：机械工业出版社.
中国能源编辑部. 2015. 国务院印发关于积极推进“互联网+”行动的指导意见. 中国能源，37（9）：1.
周建. 2001. 基于网络经济的企业战略创新. 决策借鉴，（4）2-6.
Afuah A，Tucci C. 2001. Internet business models and strategies：text and cases. New York：McGraw-Hill/Irwin.
Amit R， Zott C. 2010. Business model innovation：creating value in times of change. IESE Business School Working Paper No. 870.
Chesbrough H. 2006. Open Business Models:How to Thrive in the New Innovation Landscape. Boston：Harvard Business School Press.
Khanna T, Rivkin J W. 2001.The Structure of Profitability around the World. Boston：Harvard Business School.
Lynch C. 2008. Big data：How do your data grow? Nature，455（7209）：28-29.
Osterwalder A，Pigneur Y. 2002. An e-business model ontology for modeling e-business. Bled：Fifteenth Bled Electronic Commerce Conference.
Richardson J. 2008. The business model：an integrative framework for strategy execution. Strategic Change，17（5/6）：133-144.
Rivkin K J W. 2001. Estimating the performance effects of business groups in emerging markets. Strategic Management Journal，22（1）：45-74.
Teece D J. 2010. Business models，business strategy and innovation. Long Range Planning，43（2）：172-194.

Timmers P. 1998. Business models for electronic markets. Electronic Markets，8（2）：3-8.

Weill P，Vitale M R. 2001. Place to space：migrating to ebusiness models. Boston：Harvard Business School Press.

第三篇　互联网的社会化属性

在人类历史中，社会结构往往呈现出一种纵向化的特征，人们的信息传播主要依靠上层单向传输给各行各业、每个个体。互联网的出现，将广大群众连接到一个平台上，实现网民之间的信息共享、多点传播、虚拟互动，创造了具有扁平化结构的新型社会关系。人类历史上的每一次重大技术的普及都会促进社会结构的重塑和转型，继蒸汽机、电力技术后，互联网的诞生无疑掀起了第三次工业革命，并将其影响渗透到了社会的方方面面。

社会学是研究社会事实的科学（迪尔凯姆，2009），其研究范围涵盖了从微观的人际互动到宏观的社会结构等社会各方面现象，包括社会结构、社会行为、社会问题等客观事实，以及人性、社会心理等主观事实，是一门研究方法多元化的学科，与经济学、政治学、人类学、心理学、历史学等学科并列于社会科学领域下。自19世纪末期社会学起源以来，关于社会学研究的视角争议主要集中在个体的“社会行动”和整体的“社会事实”之间（郑淮，2011）。法国社会学家迪尔凯姆在继承孔德实证主义思想的基础上，建立了实证主义研究范式。他主张研究整体的社会事实来定义社会学，强调从社会结构的角度出发解释社会现象。而德国社会学家韦伯则坚持人文主义研究范式，认为社会的本质是由社会行动者构成的系统，个人的行动是社会行动的一种，不能撇开个体研究去超越个体之上的社会，并将社会学归结为“社会行动”的科学（韦伯，1999）。以上这些传统的社会学研究的思想和方法，对实体社会的研究都具有重大意义。

然而伴随着互联网时代的到来，社会学的研究受到了不小的冲击。在网络化进程中，互联网如无声的春雨一般渗透进了社会生活的方方面面，整个社会发生着前所未有的变化，如今的社会面貌是早期社会学家无法想象的，我们在对新社会进行研究的过程中已经不能全盘套用以往的社会学研究范式了。崭新的社会学研究范式正随着新的社会变化不断磨合和发展，在学术界，新的社会学研究方法和框架也还在不断地摸索中。本篇将在经典的社会学思想基础上，结合互联网环境背景下的网络社会特点，从个体、群体和社会整体这三个层次来分析互联网对社会的影响。

第10章　互联网下的社会个体

社会学的一个基本研究主体是社会化（socialization），指人从自然人发展为社会人的过程。随着互联网时代的到来，人的属性已不再局限于现实社会中的社会人，还应该考虑到人是虚拟社会的网络人。严格来说，具有网络人和社会人的双重身份是当今现代人的一个基本特征。互联网就像一幅精细编织、铺天盖地的刺绣，将网络平台上的机器与机器、人与机器、人与人串联在一起，这些连线勾勒出一幅拥有全新的人际交往、信息沟通和生活方式的人类社会图案。在这幅图案上，每个人都可以是“秀才”，可以轻易地拥有过去“秀才不出门，全知天下事”的能力。我们中的每一个人都可以根据自己的情感表达需要在网络中发表自己的言论，同时自主选择接收自己感兴趣、有需要的信息，个性化正是现代人与传统社会中个体相比最显著的变化。此外，基于网络提供的便利条件，现代人生活中的各个方面都因互联网而变得更加丰富多彩、便捷舒适，可以说现代人已经逐渐形成了一种网络化、数字化的生活方式。正是社会中无数个体的个性化、数字化、网络化的堆积推动了整个互联网下社会变化的形成，造就了这场极具个性化、数字化、网络化的社会演化。因此，本章先从微观的个体角度出发，从涉及社会个体的网民、社会交往和信息传播三个方面来认识和讨论互联网的发展。

10.1　网民

你知道吗?

扎克伯格致女儿马克斯的一封信（节选）

亲爱的马克斯：

你的降生给我们的未来带来了莫大的希望，我和你母亲一时找不到合适的词语言说。你的新生活充满了希望，愿你今后喜乐、健康。你给了我们一个理由去重新思考我们希望你住在怎样的世界。

如同所有父母一样，我们愿你在一个比我们现在更美好的世界中成长。尽管新闻焦点总集中在这世间的种种问题上，但从很多方面来看世界正在不断进步。

……

我们这一代在教室中长大，人人都在以同样的进度学习同样的东西，而没有考虑我们的兴趣和需求。而到了你们这一代，即使没有住在好的校区附近，全世界的学生也都能在网上使用个性化的学习工具。

……

对你们这一代来说，许多重大机遇都源自让所有人接触互联网。人们通常以为，互联网只是娱乐或沟通工具。但对全球大多数人来说，互联网可以是条生命线。如果你家不在好校区，它可以提供教育；如果你家附近没医生，它能提供有关信息，预防疾病，保证孩子的健康；如果你家附近没有银行，它能提供金融服务；如果你经济状况不佳，它能提供职位选择和机遇。互联网是如此重要，以至于在每 10 个上网的人中，就有 1 人获得网络创造的工作机会并摆脱了贫困。然而，这个世界上还有超过半数的人口，也就是 40 多亿人无法上网。如果我们这一代人能帮助他们联网，我们就可以帮助数亿人摆脱贫困，还能帮助数亿儿童接受教育，并通过帮助人们预防疾病挽救数百万条生命。这是技术与合作能够推动的另一个长期工程。但这需要发明新技术，让上网费用更便宜，并可连通那些无网络的地区。这需要与政府、非营利机构以及公司合作。这需要接触社区，理解他们的需求。具体未来要怎样操作，人们会有不同的看法，我们需要多次尝试。但是，团结一致就能成功，就能打造一个更平等的世界。

为了你们这一代的世界更加美好，我们这代人要做的事情太多了。今天，你妈妈和我承诺尽我们人生微薄之力，帮助应对这些挑战。

北京时间 2015 年 12 月 1 日，马克·扎克伯格（Mark Zuckerberg）和妻子普丽西拉·陈（Priscilla Chan）在给新生女儿的信中宣布，他们将捐出其家庭持有的 99%的公司股份，用于慈善事业。然而就是这对父母给女儿的这份价值 450 亿美元的“见面礼”，引起了全世界的广泛关注和热议。马克·扎克伯格是谁？他就是那个在清华大学发表了 20 多分钟中文演讲的中文初学者；他就是电影《社交网络》里男主角的原型；然而他最闪耀的身份是“第三大国”的国王——全球最大社交网站 Facebook 的创办者和领导者。

社交网站因互联网而诞生，这也侧面反映了互联网所影响和涉及的人数规模之大。如果 Facebook 只有屈指可数的用户，也许成就不了今天的霸业。但正由于这类互联网衍生品具有巨大魔力，很多人愿意跟风追随。所以与其说是网民成就了 Facebook，倒不如说是一个个推陈出新的软件平台成就了网民。

网民是自互联网发展以来，特别是万维网普及之后一个新的身份标签。在英语中，“网民”的单词是“netizen”，netizen 由 net 和 citizen 构成，这也形象地表明了使用网络是网民最基本的特点。其实网民不仅指使用网络的人群，也包括在个体自我意识上、对使用网络的态度上、网络活动的特征上以及网络活动的行为效果等方面表现出相似特点的使用者（余晨，2015）。

10.1.1 网民的崛起

1998 年 7 月，“网民”这一官方称谓第一次出现在全国科学技术名词审定委员会公布的第二批信息科技名词中，当时中国的网民数量刚刚突破 100 万大关。短短 20 年后，中国网民数量激增到 10 亿[1]。互联网发展势头迅猛，在一定程度上要归功于互联网的无穷魅力。

如今，中国网民数量已经处于高位，网民增长和网络普及也都进入相对平稳的时期。但中国网民规模的庞大不仅意味着量的巨大，同时在网民属性的质上也发生了很大的改变，这主要体现在网民行为及其对社会的影响上。

一方面，网民行为不断社会化。CNNIC 通过网民使用的各种各样的互联网应用来了解网民的互联网行为，并且凭借各种应用的使用状况来对用户行为进行数据分析。经过分析发现，网民的互联网行为类型包含四种，即信息获取、商务交易、交流沟通和网络娱乐。而四大类下又包括即时通信、搜索引擎、网络音乐、网络新闻、博客/个人空间、网络视频、网络游戏、微博、电子邮件、社交网站、网络购物、网络文学、网上银行、网上支付、论坛/BBS、团购、旅行预订、网络炒股这 18 个小类。研究显示，网民在互联网中的行为活动与互联网发展历程十分契合，并不断向社会化的方向发展。网民可以实现文件传输，得益于 1971 年文件传输协议（file transfer protocol，FTP）的确立；网民能够收发电子邮件，归功于 1973 年电子邮件相关协议的确立；因 1993 年 Web 网页的出现，网民可以进行“网上冲浪”；随着 1995 年搜索引擎的出现，越来越多的网民倾向于通过搜索引擎浏览网页；1996 年传输层安全协议（transport layer security，TLS）的出现，为网民可以随时随地进行线上交易以及购买各式各样的商品和服务提供了可能；2000 年 P2P 应用出现，让网民可以随心所欲地共享内容；2005 年在线视频技术的出现，使得网民观看视频的主要渠道从电视转移到线上；2008 年移动通信技术的革新和网络 Web2.0 的发展，促使网民可以在各种社交媒体上大放光彩（温雅，2013）。

另一方面，随着网民力量的不断壮大，大众传媒开始走进国家和政府的视线，其影响力也越来越受到重视。像微博、微信、论坛和其他社交网站等互联网产品的发展，强化了网民对互联网的参与，并且任何一个用户所提交的内容都有被广泛传播的可能性和机会。一些公共事件发生的时候，其参与者和见证人并不多，但一旦有人通过拍照、录像等方式将该事件上传至网络，那就会大大增加在短时间内吸引和聚集成千上万网民共同见证该事件的可能性，并且他们可以在网上自由发表自己的看法和意见。网民力量的集结明显推动了政府公共政策的发展，政府逐渐意识到传统的媒体渠道不再适应于当下的环境，因此越来越多的针对互联网的举措开始实施，面向社会提供服务、与公众互动交流的新渠道也得以进一步拓宽。例如，2013 年两会期间，人民网利用其官网对两会的焦点问题开展调查。政府部门也纷纷设立了自己的官方微博和微信公众号，以便在第一时间发布重大消息，如国务院客户端于 2016 年 2 月底正式上线，并以此作为国务院办公厅中国政府网发布政务信息和提供在线服务的新媒体平台（吴志虎，2017）。

10.1.2　网民的特征

网民不仅是互联网的使用者，也是承载众多互联网创新的主体，他们在现实社会和

---

① 数据来源：中国互联网络信息中心（CNNIC）。

虚拟社会间穿梭游走，自由转换角色。在互联网平台上，他们不仅可以不断延续自己在现实社会的身份或个性的一部分，甚至可能充分发展他们在现实世界中不能发挥身份或个性的那部分。如今，随着互联网的渗透，计算机、手机、平板等终端设备已经成为一个现代人的时代标配。搭上互联网便捷的顺风车，网民可以实现更多可能。根据侯全龙在其《网群事件信息特征分析》一文中的分析，与传统社会的人相比，互联网环境下的民众具备以下特点。

第一，人人都是自媒体。自媒体与传统媒体的最大不同在于运作方式，自媒体的运作方式是“发布，然后过滤”，而传统媒体则是“过滤，然后发布”。前者的发布者显然是一台台计算机背后的个人，他们可以将所见、所闻、所想整合在一起，由此制作成的信息很容易被他人通过适当的互联网渠道感知，然后利用互联网的高传输能力分散传播，对其他主体施加影响。而后者的发布者则是媒体组织，但在人人参与的公共媒体面前那一层优势壁垒却不复存在。如果将信息比喻成货物，以往的信息传播好比是将货物从南至北运往途经的各点各地，现在则像是将货物直接空投在各地，而且几乎是在同一时间进行，多点同时空投，每个人都可能成为一个“信息发送中心”或者“信息中转中心”。也正因如此，互联网上涌现了一大批成功逆袭的草根名人和走红的网络红人。

第二，人人都像言论家。顾名思义，言论家是指一些能言善辩、善于推动舆论导向的宣传者。人们在现实生活中的行为受到某些限制，而网络空间具有匿名性，因此人们在网络空间中自我表达和参与社会事务的需求也越发强烈，每个人都拥有成为某个舆论或言论宣传的幕后推手的机会（牛宏斌，2010）。这主要体现在社会讨论层面、舆论监督层面、权利维护层面以及社会行动层面四个层面。

第三，人人畅游信息流。现代网络传播技术增大了人们获取信息的可能性，当人们随意打开手机或者查看网页时，即使不主动搜索，海量图文信息也会铺天盖地地涌来；而且通过对用户注册的身份信息、历史浏览记录等信息进行用户画像分析，各类信息的推送能够做到精准定制，如今日头条等。从数量上来看，人们接触到的信息是马车时代、邮件时代和 BP 机时代望尘莫及的。随着互联网、24 小时电视节目和手机的蓬勃发展，2013 年时我们每天获得的信息量已经是 1986 年的 5 倍（龙炜，2013）。从时间上来看，我们所得到的信息更快、更新，通过互联网我们能在短时间内知晓发生在全球各地的时事新闻。从空间上来看，人们通过社交媒体所制造出来的巨量信息，其传播范围更加广泛，就算是现实世界中无法到达的地方，人们也能够轻易知晓该地发生的事情。

第四，人人都是搬运工。引发网络事件的帖子中有 80%的内容都是先出现在地方性论坛上，然后依靠网民的搬运才得以传播。因此，如果没有网络搬运工，我们也看不到互联网上信息爆炸的蘑菇云。网络借助电脑、手机等客户端，加上人性化的用户界面（user interface，UI）设计，使得人们在接触到一些能引发思考、产生共鸣的信息时，能够便捷地将其转载（搬运）到自己的圈子里。网络搬运遵从梅特卡夫法则：随着搬运工数量的增加，网络效应呈现出几何倍数增长，因此大量的信息得以在短时间内发散传播（侯全龙，2012）。

10.2　互联网与社会交往

交往是人类的社会本性和情感需要，社会交往也是社会存在的一个基本特征，更是社会个体或者群体之间交往互动以及对彼此产生影响作用的方式和过程。由于互联网的崛起，"媒介不再只是一个信息传递工具，而是一个社会环境，一个人们可以进行社会互动的生活空间，其作用不仅仅只是交换信息和保持联系。"这正是网络空间的重要社会意义所在。由于大多数互联网用户使用互联网是为了与他人交流互动，因此"网络社会的来临对人类社会最根本的冲击，可以说是人际互动关系"（吉登斯，2009）。

10.2.1　互联网上的社会交往现状

人们在网上交往主要还是通过社交媒体这一基本途径。进入 Web2.0 时代以来，基于群众基础和技术支持，社交媒体的发展势如破竹。现阶段主要包括社交网站、微博、微信、博客、论坛、播客等，其中微信已然成为亚洲地区用户规模最大的移动即时通信软件。根据腾讯发布的《2015 年微信平台数据研究报告》，有 25%的微信用户每天打开微信的次数超过 30 次，有 55.2%的微信用户每天打开微信的次数超过 10 次；接近一半的活跃用户拥有超过 100 位的微信好友，有 62.7%的微信用户的好友人数超过 50 人。通过这些数据，可以看出人们对即时通信工具的使用频率很高，而这些即时通信工具对人们的影响力也可见一斑。

互联网逐渐成为中国人进行人际交往的平台。对于中国媒体的发展来说，2015 年是很有可能载入史册的一年。因为，这一年，中国用户花费在所有媒体上的时间超过一半是用在数字媒体上。eMarketer 的统计报告显示，2015 年平均每个中国用户在所有媒体上每天花费的总时长为 6 小时 8 分。其中，在数字媒体上每天花费的时间已达 3 小时 5 分；传统电视每天用时已经下降到 2 小时 40 分，收音机下降为 11 分钟，印刷媒体下降为 11 分钟（报纸下降为 10 分钟，杂志下降为 1 分钟）。其中，社交媒体用户呈现快速增长态势，日趋主流，通过社交媒体开展社会交往活动的人也越来越多。有调查显示，普通人花费在社交网络上的时间占社交时间的比例高达 14%。由此可见，大多数人都将零碎的时间用于网络交流和互动。

10.2.2　互联网上人际交往的特点

人际交往是社会的一种普遍现象，存在于社会生活的方方面面。传统的社会交往以面对面的形式为主，并以各种地缘、血缘、业缘作为开展交往活动的基础，除家人以外，交往目的集中于人情和面子。尤其是在强调关系社会的中国，各种"人情"和"面子"已然形成一种无形的情感和行为约束规则，支配着人们开展各种活动。

随着互联网的来临，传统的社会交往形式逐渐被颠覆，一场新的人际交往变革也悄然发生。根据康玮（2015）的研究，首先，在时空约束上，新媒体打破了传统交往的时空限制，人们可随时随地进行交流与互动。人们的人际圈子由原来的地缘、血缘、业缘所形成的三个辐射点，慢慢拓展到互联网可触及的世界的每一个角落，也就是说如今的人际圈子可以拓展到整个“地球村”。在沟通渠道上，面对面不再是人们交往时可以选择的唯一渠道，在网上获取海量信息的同时，人们也可以在网上实现人际交往和互动沟通。虽然在这个时代依然存在书信、电话、短信等传统交往媒介，但毫无疑问，在使用频率和传播广度上，传统媒体都远不及微信、QQ、微博等网络社交媒体。在交往目的上，重视人情和面子的思想在中国依然根深蒂固，但互联网的出现使得人们出于兴趣爱好、价值观念等非物质交往的需要而聚集在一起成为可能。关注同一位微博博主的粉丝、活跃在同一个主题下的论坛大军、自由组队分享经验的驴友团、报名同一门网上课程的同学、加入不同主题 QQ 群的网友等，这些有着不同特点和身份的人际互动圈子填满了人们的业余生活，为人们的生活带来了许多生机与新鲜体验。总体而言，互联网不仅改变了人们的人际交往方式，而且对传统社会关系也带来了一定的冲击，呈现出以前不可想象的人际关系网络。

（1）交往主体的平等性。互联网为人们营造了一个没有时空边界、没有身份标签等社会背景的虚拟社会空间。与传统的物理社会空间不同，在这个虚拟社会空间中，社会成员可以消解其在真实社会中的身份差别和限制，因此人们可以根据自己的选择在网络中为自己另起名字，塑造新的空间形象，自由地展现经过自我“包装”后的自己。正因为这些原因，经典社会学中用以区分人们的财富、学历、职业、地位等概念在网络世界中缺乏用武之地，因而一种人人平等的关系在网络世界中得以实现。你可以自由地在网络上和从未谋面的人交谈，没人用你的长相来评价你，因此你可以得到很公平的对待。换言之，他人对待你的方式并非基于你的外貌、举止或穿着，而是根据你的想法和见解，正如人们关注的论坛一样，其他人只会因为某个用户的言论或者分享的知识经验而建立对他的印象，而传统观念上的知识文化等内容，人们之间彼此互不了解也不需要去了解。

（2）交往途径的多样性。人们在各种社交媒体平台和软件上的交流形式已经不再局限于人与人、团体和团体之间的对话互动，人机对话和互动成为互联网时代发展的一个新纪元。随着计算机的人性化和智能化发展，人类的一条计算机指令、一个点击、一个眼神，甚至在人的脑海里所思考的任何东西都可以被计算机理解和运用。交往途径的多样性还表现在各种差异化的社交媒体上，通过不同的社交软件和网站，人们可以开创出一个个因生活、工作、学习、娱乐等组织起来的新世界。

（3）交往内容的自主性。互联网犹如一个展销会，一方面，个体和组织可以在此自由地展示自己的观点言论、知识经验、内心情感等内容；另一方面，面对他人表达的观点和情感，公众也可以根据个人的意愿自主地选择是否要接受和关注。在网络交往里，人们可以根据自己的兴趣爱好、心理需求、价值观念等，有针对性地选择想要交往的对象，并参与交往活动。比起现实社会的交往，网络交往更能满足人们交往的需要。

（4）交往空间的不定性。网络冲破了现实时间和空间的限制，形成了通过传统交往达不到的空间特征。这主要体现在三个方面：一是交往空间的全球化趋势扩大，人们可以接触到世界各个角落的对象并与其交流，而不再局限于现实生活圈的边缘；二是交流信息的非同步现象增多，面对面和电话交谈都是实时同步的信息传递方式，而通过网络人们随时可以在另外的时间处理一些不必要的同步交流信息；三是交往空间的多变，因此交往对象和场所具有不稳定性。网络上的人际交往关系往往比较随机和短暂，一般是因为一个特定话题而产生一些互动，转身又相忘于互联网的江湖（韩克庆，1998）。

（5）交往形式的互动性。在互联网打造的线上世界中，人们的社会互动不再局限于时间和空间的限制，而变得更加便捷、高效和生动。微信朋友圈推出的“点赞”功能就是对这一特性最好的诠释。“点赞”意为对内容的赞赏，是受众在接收信息后产生的交互式反馈，基于其操作简单便利的特点，成为朋友圈中最受欢迎的人际互动形式之一。不仅如此，线上世界的互动方式还有发送评论、红包打赏、送虚拟礼物、一键分享、一键转载等，正是这些各式各样的互动形式使得网络世界的信息不断交融。

10.3　互联网与信息传播

在传播性强的互联网环境里，不经意的一句话可能会引起迅速传播，早时像“我是凡客”“贾君鹏你妈妈喊你回家吃饭”等网络金句不断被网友复制、模仿，并引发了大规模的转发风潮；然后经过“反转”“解构”“恶搞”等种种变异，最终形成 N 级病毒式传播之势。这个过程不管是经过精心策划，还是不经意而为，人们总会不自觉地加入跟风大军，与此同时，大家内心或多或少也会为新时代信息传播的速度和威力感到震撼。

10.3.1　互联网对信息传播的影响

说到信息的传播，人们大都不会联想到自身，而是会联想到广播电台、书刊报纸、电视新闻等传媒形象。在传统时代，人们的信息传播仅仅局限于四周很小范围内的沟通交流，在信息传递的内容方面，不仅内容和形式单一（大多是对自身周围的人、事、物直抒胸臆），而且传播范围狭窄（一般只涉及自身圈子的小部分群体），其最明显的特点是传播的影响力很微弱。而如今，即便是一句带有个人色彩的简单话语都很有可能风靡整个网络社会。互联网带来的最大变革不是以整个社会“一锅端”的方式进行，而是深入到社会中的每一个体，改变每一个体的信息交互方式，将每一个渺小的个体卷入到信息传播的洪流中，并赋予其在某一不确定时点上站在信息大潮浪尖上的可能性。在这种情况下，信息传播不再是一个社会整体或者组织机构的活动，而是关乎每个人的事情，这便是将信息传播这一宏观概念植根于社会个体的原因。

1998 年，互联网被联合国教科文组织正式认定为“第四媒体”，自此网络媒体终于登上传播的大舞台，新的传播格局也随之出现。而这一切都离不开互联网技术对新兴媒体发展的引领和支撑，比如：超文本技术让网络新闻具有多媒体特性；Flash技术让网络新闻更加形象；HTML5技术让网页的响应时间更短；大数据技术让网民的阅读趋向个性化。尤其是博客、微博等传播渠道的出现，让网民发布内容的门槛大大降低。同时，网民在信息传播中的参与度也逐渐提高。互联网媒体加入传播行列之后，传统信息传播的特性发生了翻天覆地的变化。根据陈舜（2015）的研究，变化主要体现在以下几个方面。

1. 传播渠道由单调变多样

网络为公众的人际交往提供了崭新的模式，极大地延展了人们的交往领域，使人际交往可以超越地理空间和时间的限制，提高联系的速度、降低联系的成本，使人们维持人际关系更加方便、高效。随着从电脑端到移动端的发展，人们的交流渠道越发多样，QQ、微信、博客、论坛、贴吧等多元渠道层出不穷。以微信为例，这种交往方式不仅速度快捷、零费用、信息丰富，而且还拥有传递文字、图像、声音、表情包、视频等功能，其信息传播效果比通常的书信等方式要好很多。

2. 传播方式由单一到多种

互联网的衍生产品为人们提供了更多的社会互动方式，丰富了社会互动的内容和情景，从而延伸了人们作为社会行动主体的主体性、选择性和能动性，同时也使得人们对网络的依附性更强。从前的沟通方式，主要是一对一、一对多的交流，如今一对一、一对多、多对多三种方式并行交互，且沟通效率极高。

3. 传播地位由被动到主动

网络媒体最大的独特之处在于传播方式的交互性，通过传者和受者之间的双向交流，信息传播得以加强和改进。受众不仅可以在极大的范围内选择自己需要的信息，还可以直接参与到信息的传播过程中，同时还能编写和评价内容。换句话说，网络媒体的“读者”可以与网络媒体的“编辑”实时交流，甚至他们交流的内容也可以成为网络媒体实时发布的信息的一部分，这彻底地变革了以往个体在信息传播过程中只能作为单一接收者的被动形象。

4. 传播成本由高变低

随着技术的不断进步，网络媒体在成本方面相较于传统媒体取得了巨大的优势突破，低成本成为传统媒介无法与互联网媲美的一个显著特征（韩克庆，1998）。不仅单个人可以完成信息生产、加工和传播的所有工作，而且这些工作只需要依靠一台电脑和网络即可完成，节省了大量的人力、物力、财力；其次，网络新闻的免费性和即时性，为大量的网络用户节省了购买新闻报纸的花销，这使得报纸生产量减少，也被动地达到了环保的要求。

5. 传播效率由低变高

近年来，随着网络技术的日趋完善，信息传播的即时性和准确性也取得了极大的进步。时效性是信息价值有效性的保证之一，相较于传统的媒介，网络媒介少了编辑、排版等烦琐步骤，因此信息的时效性极大提高。一些知名的门户网站如新浪、央视网等都会出于缩短新闻传播时间和提高效率的目的，对国内外的新闻要事进行实时直播。

10.3.2 互联网下信息传播的特性

2008 年 5 月 12 日 14 时 28 分，中国汶川发生大地震，这次全社会范围内的抗震救灾活动不仅充分体现了国人的力量和人间的温情，而且向国人充分展示了互联网时代下信息传播特性的颠覆性转变。新华网于当天 14 时 45 分发出第一条英文快讯，成为中国新闻媒体抗震救灾报道的先锋。随后各类门户网站、专业网站、新闻网站以及 Web2.0 网站，都在最短时间内快速调动资源集中报道抗震救灾的相关新闻。一方面，新兴媒体在新闻报道的过程中行动迅速、手段丰富、规模宏大、创新多样、配合紧密，使广大网民能够在第一时间对灾区情况有所了解；另一方面，它们通过发挥网络独特的功能，凭借诸多网络公益平台，如网上捐款、网上义捐拍卖、寻亲、网民哀悼、网络公祭、关爱孤儿等，使广大网民可以更加便捷地表达自己哀思以及有针对性地给予寻亲帮助、奉献爱心，让他们对同胞的同情之心不至于无处安放。许多网站还在显著的广告位刊登赈灾的新闻和信息，并在三天全国哀悼日（2008 年 5 月 19 日至 21 日）期间将页面颜色全部改换成黑灰色，停止各类游戏及娱乐平台服务。毫无疑问，新兴媒体在地震报道中全面凸显出来的平台价值、传播优势和服务功能是有目共睹的，这也为其快速地从边缘走向主流做好了铺垫。可以看出，互联网上的信息传播已然发展成为由新兴媒体来主导，这种态势使得我们不能再用传统的眼光去对其进行研究和审视。根据李竞（2011）和陈舜（2015）的研究，互联网下信息传播的特性主要表现为以下五个方面。

1. 多源的传播模式

与人们在传统社区中的交往不同，网民在互联网中的交往是以去中心化的方式联结和组织起来的，传统社会中从中央向边缘扩散的信息传播模式与人际互动模式已经由于互联网的到来而被彻底改变。在互联网空间中，即使是处于最边缘、最底层的人，他们也可以同网络中其他人一样就自己感兴趣的话题发表自己的见解，并与他们享有同等的权利。信息的发出者也不再局限于个别传媒组织，而是扩大到网络空间里的任何一个平台，无论是谁，不论其身份是什么，他都可以向世界抒发自己的见解，表达自己的感悟，分享自己的所见所闻，成为信息的发出者，将信息传播的传播态势变得多元化。

2. 碎片化的传播内容

随着新媒体的急速发展，传统信息发布源与个人的距离大大缩短，而信息源、传播受众和传播媒介的界限也变得模糊。在新媒体时代，互联网赋予每个人一定的话语表达权，人们可以按照自己的方式和喜好来“生产”自己的信息产物，再将这些信息产物通过各种新媒体渠道传播出去。进而传统媒体的固有形态逐渐被打破，个人开始制作富有个体特色的信息内容，每个人似乎都承担着“草根记者”这一个业余角色。正是这种愈演愈烈的新信息个性化趋势导致了媒体内容的碎片化，各种网络段子和热词在网络世界里漫天飞舞，在令人应接不暇的信息世界里更迭沉浮。

3. 平民化的信息加工

在整个信息传播的过程中，个体不仅充当着信息接收者和信息发布源的角色，同时还兼任信息加工者的工作。当一条热门信息被发出之后，经过成千上万的人复制、转载，越来越多的受众参与到这一过程中；同时，许多人会趋向于自主创造内容，对信息进行加工、“恶搞”“变异”等。网友的参与感与创造性在病毒式的传播过程中迸发。同一主题下的信息内容借助频繁更新和反复叙事的途径不断扩大其影响力。

4. 分享的传播机制

个人可以在社交媒体上发布、传播以及获取各种类型的内容，而这些内容不仅是由社交媒体用户所创造的，也为用户所用，还在用户之间传播，从而形成一种人人都是自媒体的新媒体形态。人们根据自己的喜好需求和心情状态来发布或转发自己感兴趣的内容，一旦个人产生分享的意愿，这种意愿就会激发该个体传播行为的主动性，这对信息传播来说起着至关重要的作用（陈舜，2015）。

5. 互动的传播原理

虽然一些互动方式如读者（听众）来电、来信等在传统传播中仍有迹可循，但与互联网时代无处不在的网络互动相比，这些互动方式几乎可以忽略不计。传播是在不同主体之间进行信息传递、接收和反馈的过程，其中传递和接收这两个环节在传统的传播过程中各占一半，这种传递和接收平分秋色的模式将传统传播塑造成一种灌输式的“我说你听”形式，缺乏互动感。而如今互联网不仅带给我们自主、参与、创造、分享的便利，而且使用户可以享受到自主创造、自由浏览、个性化参与的乐趣，形成“大家一起说、一起评、一起传播”的传播新态势，不仅迎合个人在社会交往方面的需求，同时还充分发挥传播过程中信息反馈这一环的重要作用。

第 11 章　互联网下的社会群体

社会群体泛指通过一定的社会关系和社会互动而结合起来共同活动的集体。其中，社会关系又是通过纽带组织维系起来的，而这种纽带在社会学中被称为“缘”。在互联网时代以前，社会群体的形成主要基于血缘（由于婚姻和生育而形成的关系）、地缘（由于生活和活动在同一个空间范围内而形成的关系）以及业缘（由于从事共同的工作或事业而形成的关系）等因素。网络发展逐渐改变了人际交往和信息传播的方式，社会群体的发展形式也不知不觉间在一定程度上实现了重构，产生了因网络而相识、在网络时空中相处、在网络中发展为相知的新型社会联系，这种新型社会联系模式可以称之为“网缘”（王少剑和汪玥琦，2015）。网缘圈子的形成大多是基于相同的兴趣爱好、技术知识等，如蚁族、3A 族、摩浴族、H 族、乐活族、酷抠族等[①]，他们各有所长、特点鲜明。互联网赋予每个人创造、表达、分享、传播的权利，每一个个体都可以形成大小不一的影响力。那么，根据不同的兴趣爱好、技术知识、自我需求等划分形成的网上群体，聚合众人之力，又会产生怎样的影响呢？本章聚焦于互联网背景下多个个体集合在一起所形成的新型社会群体，探讨在这个组织层面上所发生的社会舆论、网群事件等问题。

11.1　互联网与社会舆论

随着网民数量的不断增加，越来越多的网民活跃在网络空间中，网络社会景观也逐渐形成。网民通过自下而上的“发帖”“转载”“分享”“评论”等行为慢慢汇集成大规模、多形态的网络舆论力量，网民的社会动员能力也因此得到快速的发展。我国正处于转型时期，因此重大的社会变迁是我国当前和未来一段时期内社会舆论演变的主要根源。互联网作为社会转型的主要动力之一，在很多方面都对社会转型产生了重要的影响，它改变着社会舆论的生态环境，影响着舆论的发生机制和传播模式，转变着舆论引导方式，重塑着社会舆论的方方面面。因此，研究互联网对社会舆论的影响有着重大的理论和实践意义。

---

① 蚁族或蚁居族，包括城市拥挤聚居的普通市民、农民工、大学毕业生、技校毕业生，有市民蚁族、农工蚁族、青知蚁族等，并不单纯指某个年龄群体。3A 族：有车、有房、有家，相当于小资，也是中产。摩浴族：寻觅属于自己的轻松生活，把沐浴当成一项享受的事情，从而获得身心的放松。H 族：代表自由、奔放、舒适、健康的生活方式，逐渐形成为无与伦比的圈子时尚。乐活族：乐观、包容，倡导积极乐观、健康环保的生活。酷抠族：精打细算不是吝啬，而是一种节约的方式。

11.1.1 社会舆论的发展

舆论是传播学领域的一个重要话题，国内外学者已经对其进行了将近一个世纪的探讨。美国学者哈伍德·蔡尔兹（Harwood L. Childs）曾对舆论的定义进行过文献梳理，他当时搜集到的概念就有 50 多种。“舆论”的定义版本诸多，这也从侧面说明了舆论本身就是一个内涵丰富、影响广泛且不断变化的研究对象。美国学者沃尔特·李普曼（Walter Lippmann）认为，舆论是社会公众对特定问题的意见、信念、情绪的总和，既是一个信息的动态传播过程，也是一种社会控制机制，对社会发展具有重要影响。而我国国内学者认为社会舆论是社会一定范围内公共意见的表达，它能生产一种社会影响力强烈的思想导向，同时它会对社会发展、社会风气、社会意识等产生巨大的影响。良好的社会舆论环境，能够积极推动社会生活、政治经济的良好发展。相反，不良的社会舆论氛围，则会为社会风气以及人们的思想带来极大的负面效应（剧红，2014）。

我国网络舆论的发展已有 20 余年，在此过程中，网络舆论从无到有，影响从小到大，网络媒介从小咖到大咖，舆论环境也在不停地变化。一方面，人们的生活因为网络新技术不断得到改善；另一方面，随着民众对网络的依存度日益提高，网络信息也逐步占据主流信息表征的舞台。梳理我国网络舆论的发展脉络，不少学者将 1999 年定义为我国互联网的发展肇始，而 2003 年则被普遍认定为“中国网络舆论的元年”。1999 年，人民网为抗议北约轰炸我国驻南联盟大使馆而开设抗议论坛，从此之后，很多重大新闻事件，网络媒体均有参与并扮演着一定的角色，它们通过新闻报道、新闻跟帖、博客互动、新闻论坛等方式反馈民意、建构公共领域，从而迅速形成舆论。根据谢文雅（2010）的研究，从 1999 年到 2010 年，网络舆论经历了初生、发展和壮大这三个阶段，其产生的深远影响吸引了广大民众、传播媒体和政府的关注，政府的舆论引导工作也在众多网络舆论事件中摸索前进。

1. 舆论初生（1999~2002 年）

1994 年，互联网正式全面接入我国，随后网络的影响深入到人民群众生活的方方面面，网络也成为新闻传播活动的重要手段和方式。Web1.0 时代，网络技术不断发展，我国网络舆论随之发端。网络传播学者彭兰认为，1999 年 5 月 9 日人民网为抗议北约轰炸我国驻南联盟大使馆而开设抗议论坛（同年 6 月 19 日更名为“强国论坛”）一事是国内网站成为民意表达平台的标志性事件。但是碍于当时上网技术以及电脑普及程度的限制，网络舆论仍未能真正实现空间上的普及。通常只有在一些重大政治事件发生时，人们才会去网络论坛上表达自己的意见和看法，但是这些言论还要受到论坛版主删除、限制等干预操作的影响，因此其影响力也大打折扣。总的来说，这一阶段为网络舆论的发展揭开了序幕。

2. 舆论发展（2003~2004 年）

2003 年中国网络舆论的力量真正开始显现。网络舆论逐渐为公共话语腾出了空间，讨论焦点也不再局限于边缘化问题，还扩展到社会发展、国家建设与改革、社会政治稳定之类的主流话题。

同年，政府和相关政策首次受到网络舆论的影响，不仅公共权力和权威受到监督和制衡，而且司法的公正性也在一定程度上受到强大舆论压力的推动。另外，论坛也开始改头换面，卸下过去单纯的虚拟社区的形象，开始换上具有现实的公共领域特征的新形象。广大群众通过网络尽情地表达自己内心的诉求，广泛地参与社会政治生活，通过自己的行为监督国家权力运行并影响国家公共政策的制定与实施。2003 年以后，以互联网为代表的新媒体作为相对开放的公共平台，在社会谏言、行政监督、舆论推动等方面也发挥着越来越大的作用。这一阶段网络舆论的蓬勃发展实际上也侧面反映出当时传统媒体传播能力的欠缺。网络空间的匿名性、强传播性以及突破时空限制的特点又为广大民众了解相关信息并发表意见的迫切需要提供了合适的出口。

3. 舆论壮大（2005~2010 年）

随着互联网技术的不断变革升级，网络舆论的力量在其滋养之下也越发茁壮。Web2.0 以其个性化、去中心化和信息自主权这三个主要特征成为网络舆论发酵的主要场所。另外，博客、播客、微信公众号、微博、知乎等各式各样的自媒体的普及更是为广大网友发布信息、表达意见、展开讨论等活动提供了更加广阔的空间。事实上，很多议题都先萌芽于博客等自媒体，然后经过网友之间大量的互动讨论使其发展壮大，等到其已经能够形成网络舆论并能产生一定的影响之后，传统媒体才会予以关注和报道。随着自媒体的普及，公众完全可以通过网络自由地发布信息和表达意见。例如，普通公众也能够在网络上发布独家新闻（如今日头条），可以参政议政、献计献策（如强国论坛），还可以号召某种社会行动（如抵制不良艺人等）。在 Web2.0 的技术推动下，自媒体逐渐成为传播格局中的新力量，在与传统媒体交互作用中，极大地推动了网络舆论的发展。

随之而来的则是传统舆论格局在自媒体发展作用下的变革性变化。首先是政府和公众的沟通交流在网络舆论下的变化。2006 年，温家宝总理在两会新闻发布会上回复英国网友的言论，充分展现了政府重视网络舆论和民间建言的务实姿态。2008 年 6 月 20 日，胡锦涛总书记亲自视察人民日报并在人民网“强国论坛”上与网友展开实时的在线交流，这也充分表明了我国国家领导人和政府部门对网络舆论的重视，也由此拉近了政府与民众之间的距离。

另一种变革性变化则是传统新闻报道模式的变化。在设置议题和传播效果这两方面，网络媒体打破了传统新闻独断议题和传播的陈旧方式，形成一种由网络媒体与传统媒体之间进行交互作用的新型模式。这种交互作用表现为网络向传统媒体提供新闻线索，传统媒体根据这些收集到的线索形成报道内容，再经过网络媒体的转载以及广大网友的广泛讨论将其影响力不断扩大增强。所以如今的媒体格局是网络媒体和传统媒体相互配合、相得益彰的格局，是人际传播、大众传播、组织传播等多种传播形式相互协同、共同发挥作用的局面，这也使得现如今的传播格局更加有利于形成显著良好的传播效果（谢文雅，2010）。

11.1.2 社会舆论的特点

从产生和传播这两个角度来看，社会舆论具有自由、交互、多元、偏差和突发这五个特性，这些特性与互联网所具有的特性能够达到相辅相成的效果，因此网络无疑会让社会舆论的特性被进一步放大，进而使言论更加自由、交互更加广泛、偏差更为严重且突发性也更强，往往一件事情发生后，较短时间内就会发展到人尽皆知的程度。纵观近年来发生的一系列网络事件，我们可以发现，社会舆论在很大程度上会受到网络事件的影响、支配和引导，而网络也成为社会舆论游走升温最重要的平台。网络能够在真正意义上使"社会舆论"成为现实，并呈现出新兴的发展态势。根据张凯(2018)、蒋军富(2018)等的研究，互联网时代的社会舆论同时面临着以下几个方面的机遇和挑战。

1. 社会舆论的新机遇

互联网既是传播和升温社会舆论的工具，广大公众表达自我观点的平台，同时也是提高政治参与度、发展民主的关键途径和渠道。

1）社会舆论表达渠道多样化

随着互联网的快速发展，其对社会的渗透程度也在不断加深，互联网已经成为媒介系统的新组成部分，同时也是社会舆论赖以生存的强大工具，许多社会舆论的产生和演变都需要互联网的推动。"知乎""果壳""分答"及各种网络直播平台等新兴社交平台也纷纷加入舆论渠道的大军，成为继微博、朋友圈之后公众发声的又一大分战场。由于直播过程中支持观众利用弹幕功能进行互动，网友的参与度和互动度得到显著提高，而引发围观吐槽和舆情热度的发声门槛也得到降低。许多热点事件的背后，都有这些平台广泛参与二次传播的身影，这些二次传播为事件热度的上升提供了不小的推动力。由此可见，信息在短时间内呈现出从点到线、从线到面的扩散趋势，并迅速形成舆情热点，这和多样化的发声平台以及传播渠道息息相关。

2）公民主动参与热情落地化

自十八大以来，以习近平同志为核心的党中央不断加强顶层设计，在推进全面深化改革方面取得积极的成效。值得关注的一点是，中国民众的心态变化也在网络舆论中逐渐凸显出来。首先，民主发声要与国同心。不难发现，一旦问题涉及国家主权及民族利益等原则问题，广大群众的民族主义精神就会迅速高涨，从而凝聚民心，形成一股强大而统一的舆论攻势，共同抵抗外来的非议和威胁。而在以前，由于缺乏有实力的平台将广大民众焦急迫切的爱国心情串联起来，因此每个人面对这种类似的情况虽百感交集却也只是有心无力。其次，伴随着互联网媒体开放性和广泛性的不断增强，民众表达爱国情感的主动性也得到显著提高。"帝吧出征"事件中，出于宣扬中华文化、维护国家统一的目的，年轻网民自主发起"表情包大战"；网民自发集体声讨使用"台独"演员的电影并多次主动反击"辱华"言论；90后说唱组合"天府事变"所创作的新一代神曲《This is China（这就是中国）》爆红网络。人民群众不断从新媒体借力，以更多元化的方式表达自己的爱国情感，其传播范围更加广泛，现在人民群众的参与热情已然成为网络舆论场上的一大积极力量。

3）阳光施政群众监督有效化

互联网具有公开化、互动化的特性，这些特性不仅为政府阳光施政、群众监督等提供了有利条件，也推动着政府管理理念和方式的转变。中国民众在利用互联网自由发声的同时，国家也在加紧利用互联网平台广开言路、广纳谏言，转变工作方式，推进中心工作。一方面，国家的宣传工作更具广泛性。“长征路上奔小康”“建党 95 周年”等一系列重大主题的宣传片在社交媒体上获得良好反响。中国共产党首支公益广告《我是谁》火遍朋友圈，反腐电视专题片《永远在路上》截至 2016 年 10 月 25 日收官日在视频网站累计播放量超过 1000 万次。另一方面，政府工作将趋于透明化。随着改革进程的不断深化，社会群体的利益、价值和目标逐渐分化，不同群体之间的诉求也产生了差别。而互联网正好能为这些拥有不同诉求的不同群体提供相应的表达途径。但是网络舆论也确实给政府的公共治理造成巨大的压力，舆论的弥漫或多或少改变了事件的走向。每次一旦有重大举措出台，互联网媒体就会及时进行全方位的报道，网民们也不会错过这场热议的盛宴，纷纷热情地回应和评论，从而使网络成为连接政府与公民的一座桥梁。

同时，互联网也为执政党制定与传达路线方针提供了强有力的渠道。2008 年 6 月 20 日，胡锦涛总书记通过人民网的“强国论坛”与网民们进行了在线交流，这一重大举措也成为互联网进入党和国家决策者信息渠道的重要标志。互联网的时效性和广泛性为党和国家的决策者及时了解民声、听取民意提供了可能和助力。

2. 社会舆论的新挑战

1）谣言四起真假难辨

美国社会心理学家戈登·奥尔波特（Gordon W. Allport）列出了一个谣言公式：谣言 =（事件的）重要性×（事件的）模糊性，这个公式说明一个事件越是重要，越具有不确定性，越容易引起谣言。由于互联网时代具有网络用户匿名、新闻传播门槛低、信息发布零把关等特征，网友很容易在网络空间内散布虚假信息、制造谣言。在新媒体环境中，不明真相的公众容易轻信谣言，进而跟风散播，扰乱社会公共秩序。

2）公民隐私易受侵犯

在这个时代，人们一边享受着互联网的海量信息所带来的便利，一边忧虑着个人的隐私会被侵犯。一方面，个别不法分子通过买卖个人信息的方式，加上投放木马病毒的手段，很容易利用网上金融功能盗取公民个人财产。快递、网上购物、租房售房、网上注册会员等一系列的行为都暗藏着个人信息外泄的风险。另一方面，随着计算机技术的不断发展，网络搜索功能使用者的覆盖面积也越来越广。那些网络热门事件中引起“民愤”的主人公往往很容易在网友们齐心协力的“人肉搜索”中被曝光出来。人肉搜索虽然极大地强化了舆论监督的威力，但也的确给当事人造成极大困扰，同时还有可能波及其家人，严重时甚至会侵犯其隐私权、名誉权。

3）舆论绑架易成暴力

鉴于互联网的飞速发展，每个人都不可能真正独立于网络之外而独善其身，一旦其言行稍有不慎，或不小心与他人发生摩擦，就有可能会成为网络暴力的攻击对象。网络空间的匿名性为一些公民不负责任地发表言论提供了一定的可能，因此，不难看到虚假新闻和夸张信息在微博、论坛等线上公众平台上肆意横飞；再加上很多公民缺乏辨别力，易受情感控制，因而在遭遇重大事件或突发事件时，往往倾向于在网上寻求答案和真相。网络暴力通过一些伤害性、侮辱性和煽动性的言论化身为无形的巨石，重重地压在被攻击者身上，让他们喘不过气来。

11.1.3 社会舆论的新管理

不可否认，通过网络引导舆论，在维护社会公平正义方面有其进步意义，在一定程度上也的确起到了舆论监督的作用。许多美好的行为经过网络传播而被更多人看到并赢得人们的赞许，同时许多丑恶的事件也因为经过网络的曝光才引发社会各界的广泛关注。然而在网络时代，社会舆论的引导也潜藏着严重的问题，其最突出的表现就是社会舆论引导反应的滞后和被动。面对快速的信息传播和如潮的自由评论，网络上的言论信息往往缺乏导向性，各种言论自由传播，反转剧情时常上演。反应存在偏差的信息和评论往往得不到快速的论证，客观的事实真相也往往需要很久的时间才能真正浮出水面。这一切都表明，在网络时代下，对社会舆论的引导还面临着新的挑战。对互联网时代下社会舆论的引导可从以下三方面努力。

1. 政府

伴随着网络舆情的发展，政府舆情管理工作的重心也从对传统媒体的监管转向对网络舆情的控制。在这个重心转换过程中，不难看到我国对网络舆情管理的重视也在一步步加深。从最初有部分政府官员对网络舆情采取漠视和回避的态度，到认识到网络舆情的重要性并尝试学习与网民打交道，再到最后真正有效地利用互联网开放性的优势来问政于民、回应人民的质疑甚至将网络舆情管理工作设置为政府的一项日常管理工作来对待（牛芳，2013）。作为权威信息的官方发布者，以及社会舆论的科学引导者和有效监督者，国家和地方政府在治理非理性社会舆论过程中，始终扮演着不可替代的角色，并且发挥着至关重要的作用。一方面，政府要积极推进和落实有关政务信息公开，保障公民的知情权、表达权和监督权；另一方面，政府要合理定位自身在网络舆情管理中的角色，除了结合我国现阶段特殊的国情，借鉴国外成熟的做法，使政府的管理活动效力最大化以外，还要兼顾网络媒体、网民、第三方管理组织等各方利益，联合各方力量共同管理网络舆论生态。

2. 媒体

新媒体为公民的利益诉求和意见表达提供了方便快捷的传播通道，有效保障了公民的知情权、表达权和监督权。而传统主流媒体一直是官方信息的传声筒，所具备的公信力和影响力是不言而喻的。因此，要想打造和维护良好的舆论环境，新旧媒体的作用缺一不可，建议新旧媒体相互合理地配合，形成全面统一的系统化战线，成为公共讨论深化和社会建言发展的重要推进力。一方面，建议传统媒体要做到与时俱进，加强与新媒体的融合互动；另一方面，随着互联网、各种新媒体对社会问题的参与度日益加深，以及互联网渗透面的不断扩大，新旧媒体的交融和互动也逐渐成为主流趋势。

3. 公民

公民的言论自由必须建立在法律允许的范围内。网络环境愈发复杂，难免会受到网上主观随意、虚假信息和恶意言论的侵扰，因而产生一系列非理性的“情绪性舆论”，进而对个人权利产生侵害或威胁社会安定。因此，提高公众道德素养和明辨是非的能力是互联网社会治理的一个重点，基本道德素养以及明辨是非的能力也成为互联网社会中公民应具备的重要素养之一，倡导公众做到理性表达、理性用权、有序参与到社会舆论的讨论和监督的过程中。

11.2　互联网与网群事件

从只局限于文字和言论的舆论发展到有实际行动、有一定规模、有一定影响的群体性事件之间的距离其实并不长。特别是在网络高速发展的今天，群体性事件的发生和发展更加容易，方式也更加多样。那些对社会影响面大、冲击力强的网络群体性事件已经引起了党中央和国务院的高度重视。在这样的背景下，认识网络群体性事件的本质，把握网络群体性事件发生和发展的规律，有利于政府部门增强和完善其应急管理机制和预警机制，有利于个人提高自我辨别能力，理性参与网络事件，对我国建设和谐社会具有现实而深远的意义。

11.2.1　网络群体性事件的发展

1. 从网络舆论到网群事件

当某件事情关系到国家、民族和人民的利益时，或某个问题涉及社会环境、社会道德时，一旦将它们通过微博、论坛、新闻网站等发布出来，势必会引起众多网民的讨论和传播，从而吸引更多网民加入其中，使得该事件在社会上得到普遍关注，进而形成网络舆论。根据事件的性质，再基于网上传播广、速度快的特点，群体性事件很容易在网络空间内爆发。由此可见，群体性事件与社会舆论之间存在着紧密的联系，无论是群体性事件的发生、发展，还是平息，社会舆论都如影随形。

网络舆论以及由网络舆论引发的网络社会动员结果都是网络社会事件的胚胎，经过不断的发展和演化终会形成网络群体性事件，等到其发展得足够强势就将成为现实社会群体性事件的推手。基于此，很多人感叹：群体性事件主要是由社会舆论推动的。也正因如此，处理群体性事件的关键手段就是在前期正确引导社会舆论。从社会舆论发展到网群事件，其中到底有多少影响因素呢？邓洁等在《互联网舆情引发群体性事件的影响因素及导控研究》一文中，对社会舆论引发网络群体性事件的影响因素作了如下归纳。

1）弱势群体的无力

当弱势群体与强势群体发生利益冲突时，由于远离权力中心，弱者往往无法维护自身权益。在这种情况下，弱者就会倾向于通过网络手段为自己维权，希望借助群体力量引发社会关注。

2）维权意识的提高

互联网时代的到来，使得民众了解信息的渠道更加多样化，获取信息更加方便，因而人们对民生、时事的关注度也大大提高，人们维护自身权益的意识也不断增强。通常当人们发现自身权益受到损害时，他们会通过网络进行申诉。而当这种队伍逐渐壮大之后，便引发了群体性事件。例如，2016 年 10 月的苹果手机“关机门”事件，大量的用户投诉以及公众平台上的吐槽，让“iPhone 6s 自动关机”这个话题登上了新浪微博热搜榜。相关用户还创建了几个与“iPhone 自动关机”有关的 QQ 群，讨论、交流解决该问题的办法。此事引起中国消费者协会的注意并就此发函询问，在各方压力下，苹果官方终于做出回应，并给出了解决办法。

3）媒介间的议程设置

网络引起的关注程度与传统媒体是否介入存在直接的相关关系，网络媒体报道，而传统媒体没有应和，则社会关注度较低且影响力小；相反，网络媒体报道，传统媒体积极响应，则社会关注度较高且影响力较大。如果传统媒体在介入事件报道的过程中，能够有效地利用其专业信誉和组织资源，那么事件真相的披露速度就会大大加快；再加上传统媒体拥有巨大影响力，其介入后能够得到具有强制力的社会机构的关注和干预，从而影响事件发展乃至舆论的走向。媒体面对事件采取积极主动的态度，能够使事件被更多公众知晓和解读，它们将事件公开并做出大量的后续跟踪报道，让人们能够更全面地了解事件的相关信息。传统媒体的声音、网络媒体的声音和公众的声音相互交错地在网络平台上广泛传播，从而使得群体性事件不断升温。

4）道德审判性

伸张正义、追求公平是大多数人在网络舆论中对事件作出判断的出发点，人们在道德规范的约束下形成自己的认知和生活观念，因此一旦在社会中存在与人们的认知相违背之事时，人们就会自然而然地对此事展开激烈的议论，舆论也随之形成。

5）群体集化性

对国家而言，敌对势力利用 QQ、微信、微博、博客等网络渠道把那些意见相近或相同的网民聚集起来，待其形成一定的影响力后，制造各种反对政府和社会主义的言论甚至制造恐怖事件，最终引起或激化群体性事件，进而影响整个社会的安定团结与和谐发展（黄蜺和郝亚芬，2010）。

2. 网群事件的概念

由于网络是在 20 世纪中后期发展起来的新兴事物，学者对网群事件的定义沿袭了早期对社会群体性事件的看法。群体性事件，是指突然发生的，由多人参与的，以满足某种需要为目的的事件，这种事件多带有消极的意味。而网络群体性事件，简称网群事件，是指在互联网上发生的，有较多网民参与和讨论的事件，尤其是指那些因参与者众多使得汇集的网络舆论力量比较强大，最终迫使公权机关和当事人不得不采取某些社会行动的事件。除此之外，另一种“网络群体性事件”更加不容忽视，如在汶川大地震中网民对参与救援干部的好评，中国向索马里派出护航舰队等，都获得了互联网“百万级的点击量”。显而易见，网群事件既有正面效果，也有负面效果。从“人肉搜索”到“雾霾抗议”，从百度贴吧到微博，互联网的助力给群体性事件增添了惊人的社会力量。因此，我们必须认识到网群事件的中立性，以辩证的眼光看待网群事件。

1）网群事件与群体性事件

群体性事件是指在社会矛盾被引发之后，那些在矛盾中具有共同利益的偶合群体基于一定的目的以相当大的规模聚集后进行明显的利益诉求性质的活动，对社会秩序和社会稳定造成重大负面影响的各种事件。群体性事件有集体上访、罢工、非法集会、游行、示威等多种表现形式。在中国行政管理学会课题组编写的《中国群体性突发事件：成因及对策》中曾提到，群体性事件一般需要满足五个方面的要素：第一，群体性事件的主体大多是由具有相同利益诉求的群众构成；第二，群体性事件中的参与群体带有一定目的性，这种目的性的表现形式多种多样，但都会通过某种特定的方式表达自己利益诉求；第三，通常群体性事件的发生具有偶然性和不可预知性，所以无法做到提前防治；第四，群体性事件往往是一些具有严重的破坏性、对抗性和灾难性以及重大影响力的重要事件，对群众的心理和政府的形象也会带来一定程度的冲击，所以说群体性事件的结果具有破坏性和冲击性；第五，群体性事件是由于诉求渠道不畅而导致某些人的合法权益在受到侵害时无处申诉，由此积累起来的对社会不满和怨恨的心理促使群众反抗。

网络群体性事件是群体性事件随着时代的发展而演化形成的一种新形式，网络群体性事件也具备群体性事件的普遍特征，所以二者在某种条件下是可以相互转化的。但网群事件与传统的群体性事件在信息来源、发生平台、表现形式和影响范围等方面均有不同，因此二者也具有一定的差异性。方付建和王国华（2010）对此进行了研究，差异分析见表 11.1。

表 11.1 传统群体性事件与网群事件的差异

类型	传统群体性事件	网络群体性事件
参与主体	与事件有直接或间接利益关联的现实中群体	与事件有关联或没有关联的网民或者网络平台的受众
参与人数	几十到几万不等	几万到几千万不等
成员关系	身体在场，不具隐匿性	符号投射，具有隐匿性
发生形式	集聚、游行、罢工等	热议、转发、抨击、人肉搜索等
组织时长	较长	短暂
传播特点	传播较缓，范围局限	一点发信，多点感知；交互传递，滚动扩展
突发性	有些征兆	随时突发
组织方式	动员或自发	

2）网群事件的构成要素

根据许鑫（2019）的介绍，网络群体性事件主要由以下三个要素构成。

a.网络群体性事件的主体——网民

存在于网络社会中的网民与存在于传统社会中的公民不同，他们有着与传统社会不同的存在形式，同时也具有与传统社会不同的行为特征。借助网络空间的虚拟性、互动性、超时空性等特点，网民可以快速地获取事件信息，并且可以方便地对事件进行有针对性的传播和讨论，参与或围观网络群体性事件的发生及发展相对于传统社会而言也更加容易。

b.网络群体

网络群体存在于一个人为创造的、可直接参与的、虚拟的网络社会中。网络群体的成员基本固定，有一定的群体意识，会通过贴吧、QQ 群等网络媒介保持长期持续的互动，以便必要时能够采取一致的行动。网络群体的形成一般分为两种情况，一种是在传统社会已经存在的群体，另一种是在网络空间中，网民由于共同的认知而形成的群体。网群中的各个成员不受身份、地位等现实因素的影响和限制，以文字和语言为主要手段进行彼此之间的互动交流，并且每个成员都可以自由地表达个人观点。

c.网络群体性事件的互动平台——网络媒介

网络社会是一种通过信息的相互传递而构成的社会形态，其主要特点是庞大的信息容量和快速的信息传递速度。根据中国产业信息网的公开数据，2016 年中国网站数量年增长率达到 14.1%，网页数量年增长率达到 11.2%。就网络群体性事件而言，在网民之间扮演中介角色、负责传递信息的，除了以网站形式传递信息的网络传播机构（类似各种大众媒体的网络版、企业网站、政府网站等）之外，还包括贴吧、QQ、博客、微博等个性化极强的信息传递工具。网络媒介模糊了信息传递者和信息接收者之间的界限，也使网民能更加容易地在信息传递者与信息接收者之间进行身份转换。信息接收者在收到信息的同时，可以加工和完善信息，然后将新的信息传递给其他信息接收者。

11.2.2 网络群体性事件的特征

1. 网群事件的主体特征

根据唐斌和赵国洪（2012）的分析，网群事件的主体特征如下。

1）信息发布者

信息发布者的帖子是网群事件的起始点，帖子中不仅包含了作者的情感倾向，还隐含着许多容易引发公众关注的槽点。由于网络信息的不对称性，人们对网群事件的认识很容易受到信息发布者情感倾向的影响，从而导致一叶障目的结果，往往较难客观理智地看待问题。另外，考虑到网络环境的开放性和发言评论的自主性，以及从众现象的普遍性，网友发布的信息能够轻易地通过聚集公众力量的方式扩大影响力。对近年来网群事件的分析显示：90%的网群事件与发帖人最初的情感倾向呈现正相关的关系。那些带有强烈情感倾向的帖子能够使网民形成巨大的心理落差，因此也更易引发网群事件。

2）信息传递者

随着参与传播的网民数量的增加，不仅网络信息的传递力度会增加，网络效应也会呈现出指数增长的趋势。这些事件传播者，即网络搬运工，能够在很短的时间内将网群事件信息进行大范围地传播，从而导致网络群体性事件形成。从那些被转载或分享的事件中，我们能够很明显地发现传播者被其震撼或者产生自我思悟的痕迹。那些由一个人或者一个团队发出的信息，可以通过个人的圈子传递出去，再与不同的圈子发生交融，接着从这些受众中筛选出那些产生情感波动的人，然后再经过他们的层层传递，网群事件便随之发展起来。

3）意见领袖

网络社会的崛起改变了整个社会的生活方式和思维方式，而且网络也已成为获取信息、交换信息的主要场所，在这些场所中，有一些人凭借自己高质量和高频率的发言在公众中占据一定的影响地位，如明星、成功企业家、政界高层、某圈子的达人、技术牛人等，这些人在网络上具有较大的话语权和影响力，我们称之为意见领袖。面对共同的话题，某些领域的意见领袖能够通过阐述个人观点左右网民的思想和情感，甚至改变网民对事件的根本看法。

4）事后反思者

网民对某些群体性事件进行大规模讨论并做出实际行动之后，并不意味着网络群体性事件就此结束，此时，通常会出现由传统媒体、网络媒体和专家学者组成的反思者。他们会梳理和分析事件的起因、发展过程、关键环节以及事件对现实社会的影响，从而引导人们对事件进行反思，以求趋利避害的结果。此外，反思者的活动还能间接削弱该事件对当事人以及社会正常秩序的影响，并且完善透过事件反映出来的社会制度方面存在的漏洞。

2. 网群事件的信息特征

根据姚伟达（2010）、徐泽虹（2017）的分析，网群事件具有以下四个信息特征。

1）社会性

由于网群事件受到很多网民的关注，其话题也具备一定社会性。根据《2016 年度社会热点事件网络舆情报告》：劳资纠纷是 2016 年上半年导致群体性事件发生的最常见的触发因子，其中包括降薪、欠薪、裁员和补偿等问题，涉及的群体范围广泛，包括工人、教师、护士等，侧面反映出经济下行压力加大、社会矛盾突出等情况。其他类似网约车、金融维权、行政执法、教育、环境等领域所出现的网群事件，表明许多网群事件主要发生在社会矛盾比较集中的公共领域，涉及公共管理、国家反腐、社会矛盾等几个方面。

2）感染性

网络群体性事件最主要的表征特点是能够引起人们的普遍关注，并在一定程度上调动群众的情绪。其主要分为三大类：第一类是娱乐事件；第二类是突发事件，如某地方发生地震、坠机、灾情等；第三类是政治事件，如美联航暴力驱逐乘客等。勒庞的“群盲理论”认为，当一群人聚集在一起时会形成群体心理，这样的群体不是简单的个体之间的累加，而是表现出特定的特征，每个人的思想和情感都会表达出来。特别是在网络群体中，网络为社会公众提供了一些很好的平台，鉴于匿名性、私人化等特性，一些人认为自己可以不受法律和道德的约束，因此在针对网络群体性事件表达个人意见时，其言论往往更容易失去理性。因此，当群体性事件发生时，公众的情绪就更容易被激化。

3）即时性

随着自媒体的出现，信息传播更为即时和迅速，实现了信息的随时随地传播，同时也大大扩大了信息在短时间内的传播范围。以微博为例，它打破了传统媒体的线性传播模式，实现了新型的裂变式的扩散传播。与传统媒体点对面的传播模式相比，微博这种新型的自媒体可以实现点对点的传播方式，使传播能够更加迅速和精准。因此，网络群体性事件通过微博的传播也更为迅速。另外，网络不受时间和空间的限制，网络用户可以同时针对同一件事进行关注和讨论，微博的平民化特征更是奠定了每个人在传播过程中成为主体的基础，人们完全可以借助微博的评论、转载和互动等功能实现信息传播，从而参与到网络群体性事件的传播过程中，使群体性事件的影响更加广泛。特别是当一件事成为人们在网上议论的焦点时，微博的传播速度以及范围更是惊人，迅速和广泛已经成为网络群体性事件在传播时区别于一般群体性事件最显而易见的特点（杜艳菊，2015）。

4）重复性

勒庞在《乌合之众》中指出，“不断重复的说法会进入我们无意识的自我的深层区域，而我们的行为动机正是在这里形成的。到了一定的时候，我们会忘记谁是那个不断被重复的主张的作者，我们最终会对它深信不疑”（勒庞，2013）。在网络群体性事件中，不论是在数量上还是在质量上，网民对符号的重复都具备传统群体性事件中民众所不可比拟的优势，网民可以通过论坛、博客、微博、聊天软件等方式随时随地进行无数次的复制、粘贴。如果一个信息能够被有效地重复且无异议时，那么各种观念、情感、情绪和信念就会像病毒一样在网民中表现出强大的感染力，凡是接触到的人都不可避免地会被传染，自然而然地成为网络群体性事件中的一个参与者。

3. 网群事件的过程特征

无论网络群体性事件是因为何种原因发生的，网民有着怎样的行为以及该事件会对社会产生怎样的影响，它们都会经历“刺激—群体极化—网络行为”的过程（杨柳，2011）。在这个过程中，具体的事件是刺激物，网民群体是反应物，当前者与大量的反应物相遇，在现实的社会环境中以及网络社会的大熔炉中就会产生一系列反应。

根据郝其宏（2013，2014）、邹宁（2017）等的介绍，网群事件的过程特征如下。

1）事件导入期：吸引关注

对于群体性事件而言，当人们产生集体意识和共同行为之前，需要有一个吸引人们关注信息、引发人们兴趣的诱发基础。此阶段是诱发信息的形成以及将信息发布在网络的初级阶段。此时，事件只会引起发布者所在圈子里和相同媒介平台上的一部分人的关注，相应的回帖、议论、点击率等都还很低。

2）事件发展期：快速传播

经过早期的积累以后，事件逐渐发展成为群众关注的热点，整个事件也开始进入演化阶段。在这个阶段，网民会不断地被事件过程以及事件传递的坚定态度所“洗脑”，开始相信事件的真实性，并在此过程中不由自主地添加个人的情感，默默成为信息“搬运工”中的一员，并与其他人形成统一的群体意识。此时，信息一点发散，多点感知，交互传递，滚动扩展，关注度自然也就呈现急速上升的态势。

同时，此阶段还具备一定的筛选功能和变形功能。一方面，不是所有的诱发信息都能得到快速广泛的传播，很多信息在这个阶段很容易被迫“夭折”。因为能够成为热点话题的信息，必定是因为其关系到某些群体的利益，具有很强的吸引力，所以网民在谈论这个事件时，不仅会热情高涨、积极性大增，而且还会自发地传播和扩散这个事件。另一方面，当一个话题被关注时，信息提供者的修饰、主观感受的差异会使得大量信息存在一定的偏差，甚至有些信息会被别有用心的网民篡改。当事件发生时，处于舆论当中的网民往往无法完全分辨信息的真假，因而造成舆论偏离事实的后果。目前，有某些专门的舆论操作组织，通过删减、加工信息迎合大众需求，从而引发话题关注和讨论热度，以此达到营销或造势的目的。例如，一些明星为了炒作故意捏造绯闻，以及某些商家推出的夸大产品功能的广告等。

3）事件成熟期：形成舆情

参与网民集聚到一定规模时，该事件也已经成为民众普遍关注的热点，于是事件开始进入白热化阶段，这也是所有因素共同作用的主体时期。在这一阶段，网民的不断互动、交流以及主要参与者在事件中的推波助澜，使得该事件引起大范围的网络共鸣，并且完全上升为网络世界中甚至现实社会中的舆论中心。同时，以文字、图片、视频等各种形式的信息传递为基础的群体性行为，如讨论、造势、抨击、人肉搜索等也开始出现。

这也是引起政府及相关部门关注的阶段。由于每个网民都可以充当信息的发布者，传统媒体在信息发布中的“把关人”角色在一定程度上被削弱。在网络群体性事件爆发时，事件在网民之间实现“面与面”的平行式传播，传统媒体仅被动接收信息，而政府及相关部门则成为信息末端的事件处理者。

同时，不可预料性是此阶段的一个显著特征。随着网络群体性事件不断扩大，信息不断扩散，最后事件发展可能会脱离任何人的控制，甚至还会违背发帖人的原始意愿。

4）事件衰退期：事后反思

这个时期是网络群体性事件经历的最后一个时期，在这一时期，网络群体性事件产生的影响逐渐减弱，事件的热度也慢慢消退，网友在网络中对于该事件的讨论以及事件信息的传播都已经回归到事件初始时的水平，这个时期就是各界对该事件进行总结和反思的时期，我们也可以从中得出某些结论和启发。衰退的原因之一是热度随着时间的推移而减弱；原因之二是相关群体的利益诉求得到了满足，譬如事件当事人出面道歉等；另外，如果有更重大或更新鲜的事件曝出，网友们会倾向于投入到那个新事件的发酵过程中去，而之前的事件则逐渐被网友们忽视和遗忘。

11.2.3　网络群体性事件的应对

近几年，网络群体性事件的发生愈发频繁，网民也经常投入到网络群体性事件中，其影响力逐渐由网络社会蔓延至现实的社会中，对人们的社会生活、思想观念和行为方式，甚至国家的执政方式和管理模式都产生了强烈的影响。众所周知，任何事物都有其两面性，网络群体性事件也不例外。如何最大限度地趋利避害，发挥网络群体性事件的正面影响力，是我们每个个体和整个社会在未来所要面临的新的挑战。姚伟达（2010）、谢俊贵和叶宏（2011）等提出了以下几点应对措施。

1. 疏通渠道，净化源头

建立和维护有关公民利益的利益表达机制和信息反馈机制。建立和维护一个畅通有效的利益表达机制不仅在消除社会不公、缓解社会矛盾、保护公民利益、缓和政府与公民之间的矛盾等方面起着重要的作用，而且还是减少网络群体性事件的关键。例如，在线上开设有效的诉求通道，及时发布信息并积极回应质疑、化解隔阂、消除误会、减小事件影响等都有助于完善畅通有效的利益表达机制。

2. 完善法制，科学监管

要想有效应对网络群体性事件，政府必须加快网络立法的步伐，建立起较为完善的互联网法律法规。此外，应规范管理网络资源，对网络内容信息服务以及政府、组织和个人在网络中的权利、义务等都做出明确的规定，从而全面实施网络法制，依法打击利用互联网从事非法活动的不法分子及不法行为，实现正常网络秩序的维护（叶春涛，2009）。除了完善制度外，对相关人员的培养也是不可或缺的，其中首要培养对象就是网络执法人员。对网络执法人员的要求主要是以下两个方面：一是提高技术能力，学会通过技术加密防范措施、信息获取方式的技术限制等，有效地审查和筛选网络信息的内容，及时发现和剔除其中的不良信息，进而减少信息欺诈情况的发生；二是提高分析能力，有效监督管理网络舆论，掌握网络舆论的热点，洞察舆论导向，总结其表现出来的价值取向，能够基于对网络舆论的分析、判断、评估来判断可能发生的状况，并对各种紧急情况做好准备。

3. 加强宣传，有效引导

一方面，加强对网络法律法规和网络伦理道德的宣传，使网民不仅能成为知法懂法的网络公民，还能够依据法律法规约束自己的行为，保护自己的合法利益。另一方面，提高网民的网络素质，包括理性行为的能力和信息识别处理的能力等。

第 12 章　互联网下的社会整体

任何生命有机体的继承和延续，都是一种整体的继承和延续。人体由细胞组成，大部分细胞大约每七年就会进行一次更新，但人的整体特征却并不随着全身细胞的更新而更新。社会作为一个有机体也是如此，社会结构的各个单一要素特征的总和并不等于社会系统的整体特征。同样，社会的发展变化，也不是各个单一要素发展变化的总和，而是由这些单一要素进行相互作用决定和产生的（李明华，1991）。互联网的发展对社会整体而言有无影响呢？是像人体一样不会因细胞更新而发生本质变化呢，还是或多或少会产生变化呢？就这些问题，本章主要以整体主义方法论探究互联网对社会的影响，以整体作为分析的基点，将社会整体作为分析和解决问题的基本单位，试图通过整体扫描来描述事物的全貌，期望能够在宏观层面上做到对社会现象进行总体把握，达到既见树木又见森林的效果。

12.1　互联网与社会结构

社会结构（social structure）是一个在社会学中广泛应用的术语，但至今仍未有一个明确的定义。广义地讲，它可以指经济、政治、社会等各个领域多方面的结构状况；狭义地讲，它在社会学中主要是指社会阶层结构。鉴于社会结构具有复杂性、整体性、层次性、相对稳定性等重要特点，笔者将之置于社会整体中进行探讨。

从社会范围看，随着网络消费、网络传播等互联网产物的不断兴起，经济结构乃至整个社会结构毫无疑问都发生了巨大的变化，而这种伴随性的变化正是新质的社会结构要素。如果网络消费和网络传播的异质性和存续能力足够强，则会产生一个全面的社会转型过程（何明升，2003）。纵观我国的生产力、产业、就业等，其结构都在一定程度上发生了不同层次的变化。下面将介绍网络消费时代在生产力结构、产业结构、就业结构、社会分层结构、市场组织结构等方面的主要特征。

12.1.1　生产力结构

在网络消费时代，经济活动主导模式的变化基础就是生产力结构之间的差异。一般认为，在生产力三要素——劳动者、生产工具、劳动对象中，人即劳动者是决定性因素，而生产工具则是标志性因素，生产工具的不同标志着生产力结构的改变。

在网络时代还未到来之前，劳动工具通常是生产力结构模型中的主要生产工具，是机械性的劳动资料，从原始人的石斧、弓箭，到现代化的各种各样的机器、工具、技术设备等都包括在内。网络时代到来后，更高级的工具形式在生产工具中盛行，如通信技术、智能设备、数据等。可以说，网络时代的生产力结构，是一种以高信息含量、高智能化的生产力系统为代表的生产力结构。不仅人与人之间的技术组织关系会受到影响，连社会的政治经济结构也一样会受到影响。此外，社会结构的转型还受到一些改变力量的推动，诸如从工业社会的机械化生产到现代社会的自动化生产；从刚性生产方式到柔性生产方式；从大规模批量加工到大规模私人定制，这些重要的改变，都有力推动了社会结构的转型。

12.1.2 产业结构

约瑟夫·熊彼特（Joseph A. Schumpeter）认为，技术变革的过程生来就是不规则和不平衡的。随着新技术的出现和发展，新产品、新工艺、新市场也会相继出现，理所当然，一些老行业、旧技术、老工艺和就业机会就会被无情地淘汰掉，就像一堆枯叶遭遇一场横扫而过的飓风那样。在如今的网络时代背景下，产业结构的革新就是被互联网技术和随之兴起的一系列新兴事物所形成的飓风扫过的结果。产业结构的变化主要表现在两个方面，一是软产业的兴起，二是硬产业的软化。经济结构从以制造业为主逐渐向制造业和服务业并驾齐驱迈进，产品经济和服务经济各领风骚。

12.1.3 就业结构

网络时代的就业结构直接随着产业结构的变化而变化，就业结构不仅是社会经济结构的重要组成部分，还反映了社会劳动力的分配状态。高新技术产业促使了知识就业阶层的产生，从而推动社会职业结构不断地向高级化方向发展。如此一来，越来越多的就业者倾向于选择成为诸如计算机行业的技术人员、行政办公室的管理人员、借助智能的知识生产人员和媒体传播人员等，钢铁、纺织、采掘等传统工业部门的就业率持续下降。随着高新技术及其产业的发展，就业结构随着产业结构产生的变动也在逐步升级，逐渐由从事直接生产为主向从事知识生产与传播为主转变，劳动者的素质也在不断提高。

12.1.4 社会分层结构

由于财富具有社会性和历史性的特征，因此在网络消费时代，贫富分层也将出现新的面貌，即知识、信息、技术将会成为一种新的资本形式，财富会更多地涌向那些知识储备丰富、信息能力强、掌握高技术的人。曾有学者预言，未来社会中，信息富有者和信息贫困者之间的鸿沟会被不断拉大，由此会引发新的社会矛盾和社会分化。

12.1.5　市场组织结构

商业流程重组是管理学界较流行的一个新概念，意指企业为迎接全新的经济竞争环境而结合其经济架构、企业流程设计、经营战略思想、市场营销手段等各个方面所进行的一种基于信息技术的全新变革。有研究认为，一个由网络互连在一起的超级数字化的商品、金融、信息、知识、人才的交换市场在全球范围内已经形成。在一个网络与技术并行的新运营环境中，资本、信息、技术、人才及原料等各个生产要素都实现了在全球范围内的自由流动。在这一前提下，任何生产要素的聚集都能够创新而迅速地进行，因而在短时间内造就企业的高速成长也在意料之中。在互联网络的每个节点上的企业既是这个特级市场的参与者，也是一个以知识与信息为主体的内部交换市场的创造者。实际上，在互联网的发展过程中，企业与消费者之间的关系也发生了质的改变。

12.2　互联网与社会文化

进入信息时代之后，文化的发展呈现出百家争鸣、百花齐放的趋势。文化发展的涵盖面也非常全面：既有传统文化的发展，也有现代文化的发展；既有高雅文化的发展，也有通俗文化的发展；既有大众文化的发展，也有小众文化的发展。如今，随着网络技术的不断发展，还出现了网络文化与现实文化的融合发展，二者相辅相成，共同在社会中交融作用，创造人类宝贵的物质财富和精神财富。

12.2.1　网络文化及其特点

网络文化，简而言之即互联网与文化的结合。现在有一些人从网络的角度审视文化，从技术的角度切入，强调技术进步对文化产生的影响；同时也有另一些人从文化的角度思考网络，从文化内容的转变看待现在网络文化的发展。鉴于网络文化是信息技术与文化的有机结合，我们应该从技术和文化这两个角度来考虑网络文化的发展。

1. 网络文化的概念

网络文化是以互联网为载体，由广大人民群众创造出来的各种文化现象的总和。它折射出一种全新的文化创造方式和发展方式。学术界认为，网络文化有广义与狭义之分，广义的网络文化是指网络时代的人类文化，包括人类传统文化与传统道德的延伸以及多样化。狭义的网络文化是指建立在计算机技术、信息网络技术以及网络经济基础上的精神创造活动及其成果，包括人们知识结构的变化、价值观念的改变、思维方式的转变等。

网络文化是踩着信息技术的脚印并跟随它慢慢发展起来的文化，是虚拟环境中一种独特的、以数字信号为记录方式的文化形式。在虚拟环境中，人们拥有丰富多样的工具，能够有效地借助其创造网络文化，这些工具不仅包括语言、文字、符号等传统文化的载体，还涉及图像、音频、影音等各式资料。

网络文化是一种更注重人们精神的文化。人们的自强不息、无私奉献、勇往直前等等精神借助互联网媒介在网络文化的发展过程中得到充分的体现，在互联网空间中没有成本、版面等方面的限制，使这一过程得以快速又方便地实现。以互联网为主的交流工具，使得高深的文化不再陌生和难以接近，传统文化精神的传达方式也得到了改变。

网络文化是一种实践的文化。人们在网络的世界里自发地以一己之力做着一些关注他人、关心国情、宣扬正义的事情。这些实践行为，不但帮助人们创造大量的文化作品，丰富了人们的精神生活，还提高了人们的思想道德素质。

2. 网络文化的特点

网络文化不仅为网民创造了新的美学观念和新的文化形式，还提供了新的素材和资源，进而逐步促进文化的发展。杜宇佳（2009）、王文宏（2008）、詹恂（2005）等认为网络文化具有以下一些特点。

1）开放性

网络文化传播的开放性体现在许多方面。第一，体现在人们获取文化信息渠道的开放性上。传播主体对于网络信息的传播没有绝对的垄断性，没有任何网络文化作品在互联网上具有绝对权威的地位。人们只要拥有上网的条件，能够成功登录网络，就可以在网络上传播的各种文化信息之间肆意徜徉，自由选择自身喜爱的文化形式。第二，体现在人们评论文化的开放性上。在法律规范允许的范围内，任何人都有权利在互联网上发表自己的意见，阐述自己的观点，对任何网络文化作品发表评论。第三，体现在网络文化交流的开放性上。在网络文化中，传统文化与现代文化、国内文化与国外文化、正统文化与草根文化都在网络文化这一平台中和平共存、相互交流、共同发展。

2）网络文化的多样性

网络文化的多样性主要体现在如下一些方面。首先，体现在表现手法的多样性上。传统的文化创造有一定的局限性，例如，书籍会受到文字表达的局限。而在互联网上表达方式多样，人们可以同时利用声、光、图、文字等多种形式表达自己的意见，这些方法的使用大大提高了人们表达的积极性，拓宽了表达空间。另外，博客、播客等新媒体形式涌现，也为网民表达自己的想法提供了新的渠道。其次，体现在表达内容的多样性上。网络文化的内容包罗万象，只要不违反相关法律法规，网民就可以在互联网上自由表达内容。如山寨春晚、微博、签到等全新的网络文化已经进入了人们的生活，在公众尤其是青年人中流行起来，成为司空见惯的现象。最后，体现在创作主体的多样性上。传统的文化创作者，一般具有丰富的知识水平和较高的专业素养。但是随着互联网的不断普及，网络文化创作的门槛不断降低，这些创作者们从以前的知识分子逐渐发展为现在的工人、学生、农民乃至各行各业的人。只要会使用互联网并且识字，人人都有机会利用互联网创造出属于自己的网络文化。

3）网络文化的包容性

网络文化的传播具有很大的包容性。在互联网空间内进行传播的文化作品中，既有许多高雅的作品，也不乏通俗的作品。而高雅和通俗的文化在网络空间内不仅可以并存，而且两者都拥有许多受众。那些以恶搞的形式出现在公众视野中的网络人物，虽然在网络上饱受争议和批评，但他们确实也有相当多的支持者。

4）网络文化的大众性

网络文化是一种真正的大众文化，它的这种大众性在很多地方都有所体现。首先体现在物质层面上，网络文化传播载体的成本非常低。传统的文化产品，无论是图书、音像制品，还是电影、戏剧，由于其高昂的制作成本而不得不将其身价抬高，从而限制了低收入者的参与。而互联网与之相比拥有极大的成本优势，网民的范围更是涵盖了各个年龄群体。伴随着智能手机的普及，移动端用户规模不断增加，全国数亿部手机也都加入到互联网这一行列中，从这一方面来看，网络文化是当之无愧的大众文化。在这一背景下，越来越多的创作者将日常生活作为文化作品的基础，创作出一大批与人们生活紧密相连的文化产品，使得网络文化在真正意义上做到了大众化。同时，网上流行的山寨、草根等新文化，也成为大众喜闻乐见的文化形式，得到了大众的认可与支持。

12.2.2　网络文化与现实文化

1. 网络文化源于现实文化

现实文化是网络文化的基础。网络文化虽然产生于互联网，但是归根结底其内容还是来源于现实文化。如果没有现实文化的基础，也就不可能有网络文化的产生与发展。网络文化的虚拟并不是脱离实际的虚拟，而是在现实的基础上建立起来的虚拟。比如互联网上流行的很多短片，其实都是根据现实生活改编而成的；很多网络文化作品即使没有直接来源于现实文化背景，但实际上也或多或少会受到现实文化的影响；很多流行的网络语言也是以现实语言为基础而被创造出来的，诸如“蓝瘦”代表难受、“酱紫”代表这样子等，这些网络词语是因为与现实语言的语音相近而被网友创造出来的。

网络文化是处于一个被放大了无数倍的另一种真实情况的环境下产生的文化。因此，很多通过现实文化表现不出来的事情，人们可以在互联网上通过另外一种形式——网络文化来表达。一方面，网络文化是现实文化的放大，网络文化可以利用其虚拟的特性将现实文化在互联网上放大，同时，现实文化的任何一个部分都可以在互联网上形成一种新的网络文化；另一方面，网络文化又是现实文化的补充。网络文化可以充分发挥其自身的特点，多角度、全方位地满足人们对于文化的需求，进而成为现实文化的有益补充。网络文化的发展一旦完全脱离现实文化，就不可能满足广大网民对于文化方面的需求，因而也就不可能得到足够多网民的支持。

2. 网络文化与现实文化的差别

尽管网络文化是现实文化在互联网渗透下形成的另一种文化形式，但是，二者在主体、形式、内容、功能等方面仍存有很大的区别。根据戚攻（2001）、郑文宝（2005）、范媛媛和吴东明（2015）等的观点，差别主要体现在以下几个方面。

在主体上，现实文化的创作者一般身份明确，即使有一些作者使用笔名而隐藏了真名，但是其真实身份也是可以追溯到的；而网络文化的创作主体大部分是以虚拟的、匿名的形式出现。此外，由于互联网世界和现实社会不同，在互联网文化中，不存在诸如经济、种族、性别、年龄等因素的束缚，基于此，网络文化的创作主体数量繁多，而且还在不断增加。

在形式上，网络文化发展出很多新的形式。例如，播客的出现使人们可以通过手中的手机或摄像机，将身边发生的一点一滴记录下来，经过剪辑、编辑后再上传和分享，这种由播客带来的新的分享形式成为网络文化的一个全新的组成部分。同时，网络语言的出现也成为网络文化的新特点、新亮点，当今的互联网世界到处充斥着由英文缩写、中文缩写、表情符号等组成的新语言。若是一个人仅仅具有现实文化背景，他很可能无法理解网络语言表达的具体意思。

在内容上，现实文化中的经典之作大都是出自大家之手，要经过时间的不断检验，方能确立其大作的地位，这种权威性的产生过程也是源于传统媒体的特点。而网络文化的创作者很多是一夜成名的，一个帖子仅仅数天时间便能拥有上百万的浏览量。在现实中，经典作品不仅禁得起时间的反复检验，还经得起后人的反复推敲，因此能流传很久，而网络文化大都是昙花一现，网民们一窝蜂地涌过来凑热闹，看看大家口中热议的花儿是否真的如此惊艳，凑一脚赏完便匆匆离去，不多时这花儿也便无人问津了，因此网络文化流行的时间往往很短。在这短暂的时间内，随着另一种文化的兴起，前一种流行文化难免会淡出人们的视线，渐渐地被人们遗忘。

在功能上，现实文化主要是以单向传递的方式向人们传达文化的内容，而网络文化则是双向互动的文化。现实文化主要体现了民族、国家的特点，而网络文化则更多地体现了个人的特质。随着大量贴近人们生活的作品不断出现，其通俗性和接地气的特征不仅迎合了网民的需求，还明显推动着网络文化朝娱乐化的方向发展。

12.2.3 网络文化的发展

网络文化发展的形式主要有三类：现实文化电子化、现实与网络交织的组合文化、网络独有的新文化。

1. 现实文化电子化

随着信息时代的到来，互联网的角色重要性日益凸显，几乎所有的现实文化都纷纷利用互联网这个新的宣传平台，实现自身文化的电子化。例如，现实中的书籍、报刊、电影、音像制品等文化产品，都可以在互联网上找到它们的身影。不仅如此，人们还能够通过互联网见证在全球各地发生的重要文化活动。这一切都使得现实文化成为网络文化的一个重要组成部分。

1）电子书阅读器

电子书利用特殊的阅读软件（reader），以电子文件的形式依靠网络连接再下载至一般常见的平台。电子书有 PDF、EXE、CHM、UMD、PDG、JAR、PDB、TXT、BRM

等格式，可供我们在电脑、手机，或者专门的电子书硬件上阅读。与传统的纸质书本相比，电子书在携带、储存、成本、寿命等方面都具有纸质书所不可比拟的优越性。

2）移动新闻客户端

新闻客户端日益成为人们获取新闻资讯的首选工具。与传统新闻门户如电视、广播、报刊等相比，新闻客户端在许多方面具有明显的优势，它能够更有效地进行新闻生产，更精准地连接用户，更个性地推送新闻内容。对用户和内容的争夺也已经逐渐成为腾讯、今日头条、搜狐新闻等移动新闻客户端竞争的焦点。

2. 现实与网络交织的组合文化

网络文化离不开对现实文化的认同和继承，其中最重要的就是网络的平等性和互动性，它不仅为每个普通人提供与世界同步发展的机会，还给予每个人充分展示个人才能的空间，使人们有更多新的途径能够成就和发展自己的事业。基于现实文化的方式，以及互联网的特性，文化可以交织组合出丰富的文化类型。在它们身上我们既可以捕捉到网络文化的影子，又能欣赏到现实文化的韵味。王文宏（2008）、仇道滨（2013）、许苗苗（2008）等总结了以下几种现实与网络交织的组合文化表现形式。

1）网络文学

网络文学的出现对传统的文学作品产生极大的冲击。首先，传统的文学作品局限于其单一的创作手段——文字。而网络文学作品的创作手段在文字的基础上还包括了图片、音乐等多种因素，作者可以通过各种超链接为其作品增加更多的可能性和感染力。不难想象，相较于那些传统文学作品，一篇有图片、有配乐的文学作品在感染力上自然会更胜一筹。不仅如此，有些网络文学甚至在文字层面也大大超越了以往的文学作品。传统作品一般都是黑色固定印刷体，而网络文学作品可以自由使用各种颜色、各种字体，再灵活地进行文字排列，并加入多种符号，因而比传统作品更有吸引力。此外，由于互联网的开放性和互动性，网络文学在交流中得到了更加迅速的发展。

2）模拟文化

模拟文化是一个统称，包括虚拟种植、虚拟宠物、虚拟驾驶、虚拟旅游等各种形式，新的模拟形式仍然不断出现。而且从最开始有关视觉和听觉的虚拟，到今天的触觉虚拟，大部分的人类活动都已经生动地出现在虚拟世界中。特别是近年来虚拟技术不断取得突破，各类 VR 和 AR 等高科技含量的虚拟产品给人们带来更具冲击力的感受。

3）播客文化

随着互联网的不断发展，视频和音频信息的发布者早已不再局限于新闻媒体、影视媒体等组织机构，现如今，只要能够上网，任何人都可以自由地发布自己的作品。作品内容往往五花八门，包括个人技能、创作的展示，技术知识的分享、时事新闻的爆料分析，还有聊天、搞笑等非主流的内容，甚至还有利用虚拟技术创作出的虚拟人物、虚拟环境的作品。同时，互联网上也有大量与输出相匹配的渠道，如优酷等视频网站、YY 等直播平台、360 等门户网站。

4）网络新语

随着网络社会的蓬勃发展，网络文化也展现出一些新面貌，一阵阵网络新语的飓风在网络文化中来回扫荡，诸如喜欢对应的“稀饭”，支持对应的“顶”，单挑对应的“PK”，还有“菜鸟”（指新手或者水平较低的人）、“蓝瘦香菇”（代指难受和想哭）、“人艰不拆”（表示人生已经如此的艰难，有些事情就不要拆穿）等。这些新词多由原词的谐音、错别字改成，也有象形字词，它们通常来源于影视网络的热门用语，还有一些产生于某一社会现象。网络语言作为一种全新的交流方式，不仅给语言的表现形式带来了活力，也发展和丰富了语言的内容，同时还增强了语言作为交流工具的信息表达能力。一般情况下，传统用词都是经过长期沉淀而被保留下来，而网络上的新兴词语虽然层出不穷，但是这些词语的流行和使用大都只持续一段时间。

3. 网络独有的新文化

互联网的发展也产生了一些全新的文化形式，这些文化形式在没有网络的时代都被人认为是异想天开的存在。

1）微博文化

微博，顾名思义，也就是微型博客，是时下流行的一种人际沟通与交往平台。微博用户可以实时地将所见、所闻、所想凝聚成140字以内（微博会员用户可以超过140字）的文字，并可以根据自己的喜好配以图片、音乐、视频等，然后与朋友分享和交流，当然用户也可以关注自己想要了解的人，及时获得对方的新消息。微博文化实际上是短信息的一种低门槛创作方式，辅以强大的传播能力和交互能力而形成的新兴文化。随着手机网络与电脑网络的融合，移动端的快速普及，人们随意拍摄的一张照片加上少许的文字就能成为全新的微博文化。

2）网红文化

2016年被称为“中国网红经济元年”，无论是大众的关注度还是网红的产业化，都迎来史无前例的大爆发。网红的兴起不仅是大众文化与经典文化，以及名人与平民交融的结果，更加说明了在当今的网络社会，普通人不仅拥有利用网络发声的机会，同时还存在影响他人、改变他人的可能。

12.3 互联网与社会生活

互联网不仅开拓了人们的视野，让人们能够获取更多的知识，同时对人们的生活和思维方式也产生了很大的影响，让人们能够创造出许多创新、便捷、科技的生活形态。例如，有车一族可以用手机发布有关交通出行的信息，然后“顺路”载一些乘客去往相近的目的地；有房一族可以将闲置的房屋出租出去，满足消费者旅游或者出差时的住宿需求；当人们不想出门吃饭或做饭时，可以上网点个外卖；此外，人们还可以在淘宝、京东等网上商城买到来自世界各地、各种各样的物品；甚至，连学习都可以变成一件随时随地、不受时空限制的事情。种种事例都可以让我们感受到互联网已经深深融入了我们生活的方方面面，成为现代日常生活的重要组成部分，给生活、娱乐、购物、教育等各个方面带来了翻天覆地的变化。

12.3.1　网络购物

1. 消费新时尚

随着信息技术的高速发展以及互联网的日益普及，网络购物这种新的购物方式也逐渐被广大消费者接受，成为一种购物选择，并对人们的消费观念和消费习惯产生潜移默化的影响。人们一边感叹自己疯狂的剁手频率，一边又频繁地登录网购的纷繁界面。随网购而来的一系列事物俨然已变成一种流行的社会现象：消费者眼中的剁手节、商家关注的退货、物流业的高歌猛进，实体零售的战战兢兢……

1）五花八门的电商类型

网络购物是指消费者通过互联网检索商品信息，并通过电子订单发送购物请求，然后填写个人信息（账户信息和物流信息），随后商家通过物流的方式发货，以货到付款或支付宝等交易担保的方式完成交易的过程。从淘宝一飞冲天取得惊人战绩以来，许多企业纷纷效仿，各类电子商务公司层出不穷，不断影响和改变着人们的消费观念和消费方式。

a.按照商城类型分类（卢青青，2014）

（1）专业型。专业型电商是以某一大类商品为主要经营品种，并服务于特定的消费人群的电商，是一种专业性强但缺乏广泛性的纵向网络商城，例如聚美优品，专做化妆品网销；尚品宅配，专做互联网家居等。

（2）服务型。服务型网站是以服务为主体的网络商城，其分类以行业门户、网络商城、综合应用服务、专业建站服务、企业自助建站为主，整体表现为服务型模式，如 58 同城、门户官网等。

（3）综合型。综合型网络商城也被称为一站式购物，是指在一个网络商城内能购买衣、食、住、行各个方面的商品及服务。这种类型的商城经营的商品类目繁多、品种涵盖范围广，服务的对象为广大的消费者人群，主要是满足消费者一站式购物的需要，这种类型的商城最具代表性的就是淘宝。

（4）团购型。团购就是团体购物，指认识或不认识的消费者通过一定的渠道联合起来，增加与商家的议价能力，以求每个参与者都能获得最优价格的一种购物方式。消费者通过自行组团、专业团购、商家组织团购等形式，提升客户与商家的议价能力，并从商家那里获得最大限度的商品让利，这种购物模式引起了消费者及厂商，甚至是市场的关注。如美团、拼多多等。

b.按照交易主体类别分类

（1）B2B（business to business）：发生在企业（商家）之间的商品和服务交易，如为中小企业提供专业资讯服务的慧聪网，打破传统“钢厂—大代理商—中间商—零售商—终端用户”交易链，实现“钢厂—零售商”的找钢网等。

（2）B2C（business to customer）：发生在企业（商家）和消费者之间的商品或服务

交易，如当当网、京东商城、天猫等网商。

（3）C2C（customer to customer）：发生在个人与个人之间的交易，如目前规模最大的淘宝网。

实际上关于交易主体类别的分类说法还有很多，诸如B2G（business to government，商家到政府）、C2G（customer to government，个人到政府）、F2C （factory to customer，工厂到顾客）、C2F（customer to factory，顾客到工厂）等，但究其本质都是以上三种主要类别的衍生。

2）势不可挡的交易盛况

2009年，11月11日成为一个人尽皆知的狂欢节。也是从那一年开始，每年的11月11日大众都会迎来一场购物狂欢。值得一提的是，这个节日既不是由传统的重大事件流传发展而来，也不是国际上盛行的节日，而是起源于淘宝的促销活动。这一天，很多品牌和商家纷纷推出打折特卖等活动，甚至对非网购人群以及线下商城也产生了一定的影响，由此“双十一”成为电商消费节的代名词。2016年天猫双十一全球狂欢节总交易额超过1207亿元，无线交易额[①]占比高达81.87%，在节日当天开始的不到一分钟的时间里，交易额就已经达到10亿元，消费者所在地覆盖了235个国家和地区。

网络购物的盛行与其借助互联网技术而具有的优势是分不开的。首先，网络购物具有价格优势。对商家而言，网上销售相较于线下实体店铺销售，没有店铺租赁费用、装修费用、水电费用、销售人员工资费用，而且仓储费用也相对较低，所有流程都可以由店主一手包办，因此成本大大降低。对消费者而言，网商销售的商品更是因为少了中间商和一部分实体经营费而更具有价格优势。

其次，网络购物具有便捷优势。对卖家而言，他们可以不用亲临现场就能够完成进货和店铺陈设等工作。而对消费者来说，他们在足不出户的情况下就可以买到各类商品和服务，并且在网上对比货品信息十分方便，不需要像实体店那样亲自去每一家店才能货比三家。此外，网络购物界面上售后评价一目了然，可以很容易地了解产品的使用体验与感受。而且购买时间也不受限制，十分灵活，对于一些忙碌的上班族而言，网络购物能够有效满足其消费需求。由此可见，网络购物大大地为商家和消费者节省了时间、成本和精力。

再次，网络购物具有空间优势。不但买家可以买到当地买不到的东西，满足其个性化、多样化的需求，而且商家也可以通过互联网平台把东西卖到世界各地。相较于传统的线下销售而言，买家的选择空间和卖家的市场范围都有了质的飞跃。

最后，网络购物具有信息优势。对卖家而言，他们可以通过互联网技术及时捕捉和反馈市场信息，从而适时地调整自己的经营战略，甚至还能通过数据分析做到精准营销和产品优化；而消费者也能够通过互联网对比多家店铺的产品情况和销售评价，进而做出自己认为的最优选择。

3）全新的消费方式

在现代社会中，人们的日常生活总的来说可以分为两类：现实生活和网络生活。其

① 天猫成交订单分PC和无线端，PC端也就是电脑端成交，无线端就是手机端成交。

中，网络生活所占用的时间正在不断地增加，其内容也正在不断地丰富。网络的出现直接颠覆了人们传统的生活方式，同时网络正在以更快的速度占领着人们生活中越来越多的领域，并且不断改变着人们的生活方式和交往轨迹。

a.光棍节变购物节

每逢一年一度的 11 月 11 日，以天猫、京东、易迅、当当、国美、苏宁易购等电商为代表的大型电子商务网站，都会在这一天进行大规模的打折促销活动，而这一天也成为中国网络最大规模的商业活动促销日，网购族们在“便宜货”的诱惑下“疯狂败家”。作为一个标志性节点，它逐渐成为全民狂欢购物的盛典。

b.出门不用带现金

支付宝等移动支付技术的发展在一定程度上成就了网购的崛起。作为第三方担保平台，支付宝的出现很好地解决了网络购物的信任问题。在当今社会，人们只要带上手机或者其他能上网的设备，然后将其连接上互联网，就能在城市中生活得游刃有余。消费者只要扫一扫商家的付款二维码，钱就会自动划到对方账上，如此可以免除找零、兑钱、提现等烦琐的手续。消费者还能通过支付宝等平台使用充缴话费、水电气费等功能，甚至不用面对面就可以随心所欲地收发红包。

c.买到可能的一切

随着网络科技的不断发展以及消费者对网络购物认可度的不断提高，类似网上存话费、购机票火车票、预订酒店宾馆、彩票下注等生活服务也不断出现在网络购物市场，并且得到了消费者的肯定和广泛使用。传统的服务行业（保险、旅游、房屋租售、照片冲印等）也纷纷开始在网上设立店铺进行网络销售。在旅游咨询服务行业，相关的票务、汽车租赁、导游咨询、签证等服务也开始在线上运营；中青旅、国旅等多家知名旅行社也相继在淘宝网上开设了旗舰店。

d.线上的跳蚤市场

网络购物的出现对我们处理或消耗产品的方式也产生了很大影响，举个最简单的例子，以前处理一些不喜欢的商品或长时间使用的耐用品，要么是扔掉，要么是闲置，要么是选择凑合用。而在网络购物发展突飞猛进的今天，我们可以选择网上交易将它作为二手产品卖掉。

2. 实体店会消失吗？

当广播出现的时候，有人预言报纸会消失；当手机出现的时候，有人预言寻呼机会消失；当数码相机出现，有人预言胶卷会消失；当电子书出现的时候，有人预言纸质书会消失……当手机出现的时候，寻呼机消失了；数码相机出现的时候，胶卷也消失了；但是在电子书和各类客户端出现的时候，纸质书还在，报纸也还没有消失。随着网络购物的蓬勃发展，有人也预言实体商店会消失，你认为呢？

1）去买衣服，还是试衣服？

电商模式的确对实体商业造成了极大的冲击，尤其对于众多的中小规模实体商家而言，淘宝、天猫等电商平台上的商家抢占了实体商家的市场份额，使很多实体商家陷入了发展困境，甚至面临倒闭的局面。

随着电商的崛起和不断发力，消费者的购物行为倾向受其影响也发生了一些改变。现在越来越多的消费者倾向于先到店里物色心仪的商品，然后再从线上的渠道购买，有人称之为“展厅现象”，顾名思义就是消费者把实体店当作商品展厅，他们仅仅是到店里观摩、体验、比价，然后再到网上购买。因此，虽然很多实体店表面上看似客流不断，风光无限，但事实上这些潜在的顾客群体并不会成为线下实体店的真正顾客。因为，当今的消费者有了更多的消费渠道，害怕吃亏和避免后悔的心理促使他们更加愿意“比价”，进而确保自己买到的商品能获得最大的性价比。

2）沉默，还是逆袭？

关于实体店“展厅现象”的讨论已经屡见不鲜，电商将要冲垮大部分的实体店几乎已经成为一种思维定式，同时一些巨头连锁企业采取了关停并转实体店的措施，进一步强化了实体店前景渺茫这种观念。到底传统的实体店还有没有存在的必要性呢？答案肯定是有的。无论网上购物的发展如何迅猛，网络经营的优势如何显著，实体店都不会消失在这场战役中，而是会长期存在和发展下去。

网络购物具有实体店不可比拟的优势，但也难免存在自身的缺陷。一是认知误差：网上的东西看得见，摸不着，消费者只能凭借网店商家提供的图片介绍以及文字描述判断商品的性能，因此消费者对产品的认知难免会因为图片外观或文字表达而产生差异。例如类似服装等需要体验的商品，如果消费者无法获得很好的感官体验，很容易在看到实物后产生心理落差，对自己买到的产品或服务感到不满意。二是体验延误：虽然如今物流速度得到很大的提升，但相比于在实体店购物能够在付款后立马拿到商品，网购还是存在时间差。对于应急物品、生鲜食品等对送达时间要求比较高的产品而言，其网购需求以及存在的相关问题还不能得到圆满解决。三是售后风险：现在网上的商家素质参差不齐，进货渠道也多种多样，很多商品在售出后得不到质量保障，消费者的售后诉求不如实体店“面对面”解决来得容易。

电商的迅猛发展不禁让人开始思考实体店的生存之道。众所周知，网商带来的巨大分流压力和实体店沉重的固定成本像两座大山一样压在实体店的肩头，然而实体店的另一个肩头上也有电商所不具备的优势，那就是顾客体验。

随着人们生活水平的不断提高，消费者购买商品的目的也发生了一些改变，越来越多的消费者在消费时不再满足于原来的生理生活需要，而是倾向于对情感的需求，这种新的需求变化，对实体店的经营者而言，既是挑战也是机遇。当线上淘宝店的装饰只能局限于精美绝伦的网页设计时，各大线下实体店不仅能在装修风格、布局方式、商品布局上大做文章，带给顾客强烈的视觉冲击，还能充分利用灯光设计、音乐歌曲、香氛气味等更有效地激发消费者的情感体验；当淘宝卖家疏于回复顾客的留言，因顾客的抱怨而手忙脚乱的时候，实体店的店主可以和消费者进行即时的互动和交流，积极应对顾客的不同诉求和需要；当消费者因为线上满屏图片相似的商品而眼花缭乱的时候，在实体店，他们可以亲自体验商品，并有专业人员提供有针对性的建议和服务。消费者在实体店亲身感受商品，能够为其带来更为深刻的感官享受和回忆，从而促使消费者积极购买，并增强其再次购买的意愿。

不同企业所生产和销售的同类产品，其实在大多情况下，其产品质量也是相差无几的，但是消费者对于这些产品的认可程度往往大相径庭，因此对其产生大不相同的认知和判断。他们总会对其中某些产品或服务产生偏爱的情绪，而这种偏爱的根本原因就在于他们心理所感知到的质量、服务是有区别的（陈伟，2014）。实体店可以让消费者直接体验商品，感受到不同商品、不同品牌、不同服务所带来的不同感受，实体店店主也可以通过观察消费者的消费情况来调整自己的服务，突出商品和服务的个性化特点。这不仅能够提高消费者对商品的满意程度，而且能够摆脱网络消费对其带来的低价冲击，从而提高实体店的竞争力。

虽然实体店和网络商店各有利弊，但是随着信息技术的发展，可以看到网络商店的问题正在逐渐解决，而且日益完善的网上零售势必会给实体零售带来更大的冲击。为了应对网络商店带来的冲击，实体店也在不断强化自己的优势，并有效地利用自己的优势，努力抓牢消费者。为此，实体零售业采取了一系列应对措施，李琳娜（2016）、杜军燕和刘天媛（2017）对此进行了相关研究。

a.升级的促销计划

实体零售的促销频率和促销力度均有提升。在网购兴起之前，实体零售的促销活动一般分为换季、重大节日、清仓等几类。如今，各大实体零售也纷纷借助双十一等电商节日的东风，强势开展自己的促销活动，甚至有的还在双十一等重大消费日推出五折等优惠力度很大的促销活动。

b.进击的价格策略

由于网络商店没有实体店那些店铺租金、水电费等成本，因此存在比较大的让利空间，所以较低的价格无疑是网络购物的最大优势。有一些实体商家不惜缩减利润规模，采用开展“线上线下同款同价”的策略，有些商家甚至在导购的宣传中也经常使用“欢迎去网上比价”等口号，吸引消费者现场买单。

c.并行的销售渠道

现在，有不少实体店铺试图通过建立专属的网上店铺的方式进行商品和服务的线上推广。越来越多的品牌商家开始认识到，与其让那些零售经营者在网上销售本品牌的廉价货、仿冒货而影响自己产品的销量以及企业的形象，不如自己主动进军网络市场，不仅能在庞大的网络市场中分一杯羹，还能为自己的忠实消费者提供更多的购买渠道。于是各大品牌纷纷开始采取这种双渠道策略，建立起自己的品牌旗舰店。

d.有心的产品分配

为了避免线上线下两种渠道产生利润互搏的局面，并且能够有效发挥两种渠道的优势以抢占更多的市场份额，不少厂家开始生产专供电商渠道销售的“专供款”产品，同理，有一些厂商只在线下实体店销售某些产品的最新款式或某些商品的某些特殊款式。这种做法也已成为业内的共识。

e.优化的店面服务

早在 2001 年，苹果公司就建立了第一家体验店，强调客户体验是苹果一直以来的战略手段。对于实体店而言，消费者在消费过程中获得的服务体验和购物体验是得天独厚、独一无二的核心竞争力，也是增加用户黏性、培养顾客忠诚度的一种强力手段。

3. 网购的未来

网络购物未来将与传统销售和网店销售紧密融合，届时将迎来“线上+线下+物流”的模式，通过云平台、大数据、全营销开启消费新世界。

尽管实体店的交易很容易受到网络购物的冲击，但电商无疑能够增加消费者的利益。要想在这场优胜劣汰的竞争中存活下来，实体零售业需要全面升级，不断提升自己的实力，积极应对挑战。消费环境的改变，能够折射出人们生活方式的变化，因此从零售角度来看，在这场网络社会和现实社会之间的战役中，或许我们不应该怜惜实体店的萎缩。与其说电子商务对实体经济的发展产生了很大的威胁，不如说电子商务刺激实体经济更好地发展。如果互联网不主动发展，不谋求或倒逼传统产业的改造，单纯依靠实体经济自身的力量来主动谋求转型是极难实现的。毕竟互联网本身并不生产产品，其长期机会在于与实体经济的融合，以及对传统制造业和商业模式效率低下局面的改变。

12.3.2 共享生活

到底从什么时候开始，每个普通人都能很轻松地做自己的生意？出门叫的车不是出租车，住的客房不是酒店，类似的现象屡见不鲜。Airbnb（全球短租平台）、滴滴打车（打车软件）、哈啰单车（共享单车）、到位（服务直约平台）、街电（共享充电宝）等新事物随处可见。这些新事物如雨后春笋，在互联网这场绵绵细雨的滋润下争先恐后地冒出来：没有规定工作内容的合同、灵活可变的工作时间以及相当可观的收入，这些新特点为互联网产品行业贴上了新标签。共享的生活方式催生了共享经济模式。

共享经济是指拥有闲置资源的机构或个人，将资源使用权有偿让渡给他人，让渡者获取回报，分享者通过分享他人的闲置资源创造价值。在共享经济中，闲置资源是第一要素，也是最关键的要素。它是资源拥有方和资源使用方实现资源共享的基础。共享经济概念下的闲置资源可以理解为：该资源原本为个人或组织自身使用，在没有处于使用状态或被占用的状态时，即为闲置资源。共享经济正在影响着人类的方方面面，接下来列举两点共享经济下人们生活的重大变化。

1. 多样的身份标签

共享经济业态降低了人们工作的门槛，让闲置资源成为创造财富的“固定成本”，同时也在每个人身上贴上了很多可能性的身份标签：

（1）有可能是一个顺风车司机——共享汽车。在不经意间，汽车共享已经融入了我们的生活。通过建立汽车共享平台，开车的人和搭车的人可以直接建立联系，减少汽车的空座率。

（2）人人都可以成为老师——共享知识。知识共享是共享经济的另一种形态，随着互联网和新媒体的发展，每个人都能利用手中的知识实现变现。以前，我们需要通过熟人、关系才能获得的知识、经验，现在通过互联网的知识付费，很快就能得到。

不仅方便，而且质量更高。比如，通过知乎平台可以分享知识，并且可以获得一定的分享收益。

（3）每个人都可以做一个低碳出行的环保人士——共享单车。共享单车估计是我们最不陌生的共享经济形式了，大城市的生活交通问题确实是大家绕不开的问题，不是每个人都能够住在地铁站附近，而共享单车解决的正是这最后一公里的问题。共享单车也在一定程度上便利了人们的生活，节省了大量的时间。除了地铁到家的最后一公里，在很多适于短途出行的场合，共享单车也在发挥着作用。

除了上述的三种共享方式，还有共享雨伞、共享充电宝、共享睡眠舱、共享篮球、共享玩具、共享手机、共享房屋等多种共享方式，正在改变着我们的生活。

2. 便捷的消费体验

共享经济业态为消费者提供了更加便捷的消费体验。以出租车行业为例，过去的出租车行业以“司机”为中心，乘客面对类似拒载、绕路等问题有时候不敢发声，因为在交通高峰期，不是每一个人都能幸运地搭上出租车。而如今，在共享经济业态的滋润下，网约车等可以让人们享受提前预约等更为周到的服务。又比如短租平台，通过吸收闲置房屋资源的方式，为租客提供如家般的优质、温馨住房体验。总的来说，在共享经济时代，一切都变得唾手可得。

总的来说，不管共享经济的春风吹到哪个领域，都离不开互联网技术的发展。如果没有互联网技术打好基础，人们就无法方便地使用网络约车；如果没有互联网的去中心化，企业便无法将一大批闲散的人力和物力聚集起来；如果没有大数据做支撑，企业就无法通过分析挖掘出更多的资源，人们也就无法感受到更优质的服务。正如 2018 年，科技部副部长李萌所言，共享经济的迅猛发展离不开其他技术的辅助，更离不开科技创新。他表示，共享单车集成应用了智能芯片、射频识别、电子围栏、位置服务、移动支付等多个领域的先进技术。这些得益于我们国家在卫星导航、超级计算、移动通信、智能终端和互联网等领域部署的一系列重大项目。

共享经济时代的消费文化有深刻的信息科技背景，也体现着人类创新、发展的内在张力。共享经济正在深刻地改变着人们的消费行为。李娅娌（2017）分析了共享经济对消费行为的影响。

1）共享经济呼唤消费回归本质

共享经济主要的内涵包括“共享”“整合”“节约”“价值”“产权和使用权的互惠”等。共享经济以闲置资源使用权的暂时性转移为目的，以物品的重复交易和高效利用为追求，因此，它共享的是物品的使用权，要求形成“拥有、租赁、使用或互相交换物品与服务、集中采购等方面的合作”。共享经济表现为供给的整合提供和需求的整合提出，它以物质消费的精准匹配性，充分挖掘商品的使用价值，同时利用“闲置资源”与“沉没成本”，降低共享成本。所以，共享经济以其“合作、分享、互惠”的生产方式新理念，直接指向的是“适度、合适、匹配”的消费伦理，呼唤的是让使用价值重新成为消费的主要目的，而不是以占有欲望支配消费需求。

2）共享经济促使消费趋向理性

消费为满足人类的物质和精神需要而存在，它也是商品的人格化的形成过程。因此在消费与分享消费过程中形成了共享经济下的消费道德共识，即消费的理性是消费伦理的基本诉求。共享经济以互联网大数据为基础，一方面，以技术为驱动，整合社会资源，去平衡生产需求与供给，从而使社会的消费需求得到了充分的、高质量的匹配，既满足了使用价值，也满足了交换价值，使消费主体更加自由，消费和交易变得更加理性；另一方面，在共享经济时代，新时代的消费行为已然成为个体的个性化与社会系统的群体化联系的纽带。在消费模式和消费目的的选择上，互联网平台的参与，给人的个性化消费带来了极大便利，网络支持下的主体消费行为更加快捷。与此同时，消费主体在独立的消费体验之外，又参与到共享的网络社区，获得了他人分享的体验，使得消费选择更加理性。

3）共享经济倡导消费节俭

进入共享经济时代后，节俭成为当今社会重要的消费伦理价值观。共享经济消费的目的不是拥有，而是使用，它的这一特征，加上互联网技术强大的搜索引擎与专业迅捷的匹配能力作为推动，使闲置的资源和旺盛的消费需求高效结合，从而减少了不必要的重复生产和物资浪费。同时，人类在由消费来提高自己的生活水平过程中，也会逐步形成共同的社会伦理观念。共享经济的生产消费模式下，倡导节俭的共同伦理，倡导个人的消费使用体验与整个社会的资源共享互惠的消费理念和谐统一，使得消费行为的重点从“以物为中心”逐步转移到“以人为中心”，减少了社会整体资源的浪费。

随着共享经济模式的深入发展，共享的模式将会为商业和社会带来巨大的变革，给经济社会和人们生活带来很多好处。

1）制造或延续资源的价值

共享经济让闲置资源被充分利用，赋予闲置产品附加价值或延续价值。

附加价值指的是，在物件原有的价值以外，再多添一种新的价值。对个人而言，例如一个拥有修理技能的上班族，平日大部分时间都不会用到修理技能，但借助共享经济，他可以在下班后兼职修理。对社会整体而言，如果活用社会的闲置人力、资源，就能为社会创造额外的经济效益。

至于延续价值，个人拥有的闲置资源因为使用率极低，甚至不再被使用，它本来的价值会渐渐丧失。但是共享经济下，这种资源能从不需要的人手上转到需求者手上，从而使其再次被使用，价值得以延续。

共享经济令原本可能被丢弃的物品被保留下来，并再次被使用，从而避免过剩资源的浪费，同时减少废物丢弃量。以物易物、二手交易等平台的出现，亦能减少人们购买新的产品，也可推动简单生活、绿色生活。

2）提升资源的使用效率，促进可持续发展

在消费时代，人人家中都可能囤积下一些闲置物品，但由于以往缺少平台，不知道什么人何时有需求，所以无法有效地利用闲置资源。共享经济提供了平台，让供求双方能快速、有效地发现对方并连接，促成共享，大大提升了资源流动的效率。此外，共享经济释放了闲置物品的潜在价值，无论是资源的拥有人、需求者还是连接供求双方的平台，不需付出大量时间和人力等资源，都能瓜分该潜在收益，提升效率。因此，共享经济让社会的资源能更充分地被使用，减少因生产多余产品而造成的浪费，亦能增加资源使用效率。

3）增加进入市场的机会

共享经济让人们能够充分利用闲置人力、时间、技能、知识等资源，同时涉猎多个领域或行业，增加个人进入其全职工作以外的其他市场的机会。例如，住家餐饮共享平台 EatWith，可让平日全职从事其他工作的人，利用业余时间接待旅客，尝试提供餐饮业的服务。

4）提供更多选择

共享经济平台降低了创业门槛，让更多人能进入市场，为市场引入更多元化的产品和服务。此外，由于共享经济是新兴的经济模式，不少平台的经营方法、提供的服务都相当有新意，消费者能在传统经济模式以外享有更多的选择。

5）建立社区网络

共享经济平台能将共享者联系在一起，在互相分享闲置资源的过程中，促进人际互动，拉近社区成员之间的关系。本来互不相识的人能通过共享经济接触新朋友，建立社区网络。

12.3.3　网络教育

随着信息技术的发展和人们对于终身教育要求的提高，一种全新的教育形式——网络教育进入了人们的视线，走进了人们的生活。我国著名教育技术学家南国农教授给网络教育下的定义是："主要通过多媒体网络，开展以学习者为中心的非面授教育活动"。实际上，如今的网络教育方式已经慢慢脱下了起初单纯地引进电脑、投影仪等多媒体传达知识的外壳，开始用在教育本质上的改变包裹自己，如最大的线上教育平台——慕课，知识分享平台——知乎等事物的出现，都正在逐渐改变传统教育的观念。

1. 网络教育的特点

何小玲（2013）、宋华军（2011）、白少艳（2008）等在研究后，认为网络教育有如下几个特点。

（1）教育资源的共享性。互联网是由无数台计算机连接而形成的，计算机之间的数据可以通过共享的方式丰富互联网内容，同时营造一个巨大的教育资源空间：各种教育网站、免费电子图书、网上图书馆、学习软件等资源应有尽有。目前，世界各所高校都十分注重网络教育的作用，纷纷将自己优秀的教育资源对外开放，免费共享，供上网者随时随地学习。

（2）教育时间的无限制。网络教育是一种真正不受时空限制的全天候教育，人们只要将自己的设备连上互联网，就可以随时随地学习。另外，网络教育包括实时教育与非实时教育这两种情况。前者是指教学者通过互联网和视频技术，对学生进行实时在线的视频辅导，这是一个教与学同步进行的过程；而非实时教育则是指人们在没有教师对其进行辅导的情况下，自己利用教育资源进行的自学过程。

（3）教育方式的交互性。这种交互性体现在人机交互和人人交互两方面。在人机交互中，学生完全可以按照自身情况，自主选择课程并针对课程合理有效地安排学习进度，而且学生还可以利用计算机自动批卷和评分，进而检验和分析自己的学习效果。而网络教育的人人交互性体现在教师和学生之间能够随时进行双向交流，学生与学生之间也能随时进行讨论。

（4）教育内容的分类化。网络教育尊重每一个人的个体差异，并努力做到教学内容与受教育个体之间的有机结合。此外，人们可以在网络上找到同一门课程的不同教学版本，对应不同的教学风格和教学方式，学生完全可以按照自己的意愿、喜好和需求进行选择。同时网络教育还会将学生的学习数据进行整合统计，建立该学生的学习档案，之后再通过对档案的管理来有效地进行分类化服务。

（5）教育方法的多元化。在互联网空间里，教育方法五花八门，教学辅助工具也是多种多样，既包括电子教材，也包括如图片、视频、动画等一系列丰富的互动课件。有了这些教学工具的辅助，不仅教学过程更加生动，学生的积极性也得到很好地调动，因此教学效果能得到很好地保证。由于网络教育是一个开放的平台，它的无国界性极大地促进了不同文化之间的交流，通过网络教育，我们还可以看到国外的专家们对于同一个问题的不同看法和理解，使学习者可以更好地了解知识、认识世界。

2. 网络教育的重要作用

网络教育模糊了学习与工作这两个不同概念之间的界限，使学习与工作在网络空间内逐渐融为一体。这种信息时代全新的教育方式，在丰富教育方式的同时，也有力推动了社会教育事业的发展（何杰文，2020）。

（1）扩大了受教育对象的范围。第一，网络教育摆脱了学历的限制。在网络教育中，人们可以根据自己的喜好和需要自由选择相关的课程学习，甚至在网络上还有许多世界名校的精品课程可供选择，而传统教育的课程学习要受到学习阶段的限制，比如只有高中毕业生才可以参加大学课程的学习。第二，网络教育摆脱了专业背景的限制。网络上的教育资源十分丰富，既有专门为具备专业背景的人士准备的专业课程，也有普及一般知识的基础课程。而传统教育的课程设置一般要受到其学习的专业背景的影响和限制。第三，网络教育摆脱了年龄的限制。网络教育对受教育者的年龄不存在限制和要求，不论年龄大小，每个人都可以享受相同的受教育的机会。而传统教育对学生的年龄有一定的限制，比如硕士生和博士生的招收就存在年龄限制。第四，网络教育摆脱了学习条件的限制。网络教育的要求很简单，不论是谁，只要他有一台能够连接互联网的设备，提出学习要求，就可以参与到网络教育中来。

（2）提供了平等的受教育条件。网络教育打破了传统教育在教育资源方面的垄断局面，使得优秀的教育资源可以在互联网上让所有人共享，为人们提供平等的受教育条件。从国家层面看，网络教育可以让其他国家享受到经济发达国家的教育资源，并能够从中借鉴和学习；从地区层面看，偏远山区的孩子缺乏学习机会、教育状况不佳以及教师资源不足的问题都能够通过网络教育得到缓解甚至解决；从教育层面看，网络教育是促进高等教育大众化、提升公民文化素质水平的有效手段。

（3）扩展了教学的内容。传统教育最主要的教学内容是教科书，但部分教科书的更新往往比较滞后，一些难以跟上时代发展的需求。而网络教育则将教学内容扩展到由教师选择的网络信息资源组成的全新的教学资料，相较于传统教育的教科书，这些教学内容具有更新速度快、更新频率高等优势。

3. 网络教育的现实挑战

不可否认，网络教育促进了教育的发展，但是也面临着重大挑战（彭顺平和刘慈平，2008）。

（1）网络教育水平参差不齐。目前一些网络教学视频虽然在多媒体制作技术上很先进，但是在内容方面相对落后，致使其实际价值打了折扣。在商业利益的驱动下，一些短时间内“速成”的短视频其质量无法得到保证，因而也无法调动学生学习的热情。

同时，一些开展网络教育的组织单位自身也存在一定的问题，在学习、考试、答辩等方面的监管力度不够，因此它们的网络教育效果也大打折扣。这些都损害了网络教育在人们心目中的形象，也严重阻碍了网络教育的发展进步。

（2）传统教育习惯的影响。与传统教育方式不同，网络教育最主要依靠学生自学。但是，大多数学生从小接受的就是以老师为中心的教育方式，他们习惯于在老师的监督下学习，因此，部分学生的自律性比较差。在缺乏监管的情况下，他们的学习积极性会大幅降低，影响到网络教育的效果。

再者，网络教育是基于人机对话不断发展起来的，教师和学生无法进行面对面的沟通。在这种情况下，网络教育很容易导致感情缺失问题，比起能动的教师，面对着没有感情交流能力的电脑，学生的学习效果也会大打折扣。

（3）技术与成本问题。网络教育以信息技术和通信技术为基础，由于地区条件的限制，有很多偏远山区的互联网普及率仍旧非常低，这也就意味着网络教育的平等性和开放性实际上还未获得有利的施展条件。

参考文献

白少艳. 2008. 浅谈网络教育的特点. 中国电力教育,(18):97-98.

陈舜. 2015. 互联网带给传媒界的变革探讨. 科技传播,(4):109-110.

陈伟.2014. 网络购物,传统零售业的比较分析与发展趋势. 长春:东北师范大学.

邓洁,王小,尹海鸥,等. 2014. 互联网舆情引发群体事件的影响因素及导控研究. 江苏科技信息,(12):8-10.

迪尔凯姆. 2009. 社会学方法的准则. 狄玉明译. 北京:商务印书馆.

杜军燕,刘天媛. 2017. 电商冲击下实体零售商营销策略研究. 山东理工大学学报(社会科学版),33(4):20-24.

杜艳菊. 2015. 自媒体时代下网络群体性事件的特点及对策研究. 西部广播电视,3(6):38-39.

杜宇佳. 2009. 谈谈网络文化的特点. 青年文学家,(14):65.

范媛媛,吴东明. 2015. 网络文化的构成及其与现实社会的互动. 电脑知识与技术,11(28):28-29.

方付建,王国华. 2010. 现实群体性事件与网络群体性事件比较. 岭南学刊,(2):15-19.

韩克庆. 1998. 比特时代对人类社会的重构. 山东大学学报(哲学社会科学版),(4):96-101.

韩晓娟,王丽娟. 2012. 不良网络舆情对群体性事件影响及治理机制研究. 前沿,(17):37-38.

韩运荣,喻国明. 2013. 舆论学原理、方法与应用. 北京:中国传媒大学出版社.

郝其宏. 2013. 网络群体性事件概念解析. 齐鲁学刊,(1):96-100.

郝其宏. 2014. 网络群体性事件的演化过程分析. 电子政务,(10):87-94.

何杰文. 2020. 试论在线网络教育的利与弊. 改革与开放,(5):51-54.

何明升. 2003. 网络消费与社会结构转型. 云南财贸学院学报,(2):111-115.

何小玲. 2013. 浅析网络远程教学模式的特点及对策研究. 中国科教创新导刊,(31):170-171.

侯全龙. 2012. 网群事件信息特征分析. 决策与信息(下旬刊),(9):62-63.

黄蚬,郝亚芬. 2010. 群体性事件中网络舆情的引导策略. 新闻知识,(1):26-28.

吉登斯 A. 2009. 社会学. 第五版. 李康译. 北京:北京大学出版社.

蒋军富. 2018. 互联网时代舆论引导面临的机遇与挑战. 成功,(21):206-207.

剧红. 2014. 汇聚正能量:网络时代社会舆论的引导. 中国劳动关系学院学报,28(1):102-104.

康玮. 2015. 网络人际交往的特征. 当代青年月刊,(11):264.

勒庞 G. 2013. 乌合之众. 夏小正译. 天津:天津人民出版社.

李竞. 2011. 解析网络环境下信息传播的特点. 新课程学习(下),(4):155-156.

李琳娜. 2016. 电商冲击下零售业实体店的转型发展路径分析. 商业经济研究,(18):108-109.

李明华. 1991. 整体性原则和社会整体继承. 社会科学研究,(2):54-56.

李普曼 W. 2006. 公众舆论. 阎克文，江红，译. 上海：上海人民出版社.
李娅娌. 2017. 共享经济时代的消费伦理思考. https://news.gmw.cn/2017-11/13/content_26766187.htm [2017-11-13].
林楚方，赵凌. 2003-06-05. 网上舆论的光荣与梦想. 南方周末， 8.
龙炜. 2013. 互联网用户行为演化趋势及网络应用分类. 北京：北京邮电大学.
卢青青. 2014. 一张图看懂国内电商分类. http://www.wutongzi.com/a/165898.html[2014-12-01].
牛芳. 2013. 政府网络舆情管理存在的问题及对策研究. 北京：中央民族大学.
牛宏斌. 2010. 加强舆论监督和创新新闻宣传. 新闻爱好者，(12)：48.
彭顺平，刘慈平. 2008. 浅议我们网络教育现状及未来问题分析. 中国科教创新导刊，(17)：153.
戚攻. 2001. 网络文化对现实文化的影响. 探求，(4)：60-61.
秦静花. 2005. 互联网对传统人际关系的发展与消解探析. 长春：吉林大学.
仇道滨. 2013. 现实与虚拟交织下的文化自觉——新媒体环境下高校校园文化的特点和发展规律. 山东社会科学，(2)：105-110.
宋华军. 2011. 浅析网络及网络教育的特点. 新课程（教研），(10)：168-169 .
唐斌，赵国洪. 2012. 我国网络群体性事件的主体特征及其影响分析. 情报杂志，31（5）：46-49.
唐云云. 2015. “主要看气质”刷爆朋友圈 其实是换种方式秀自拍. http://www.chinanews.com/cul/2015/12-07/7659198.shtml[2015-12-07].
王少剑，汪玥琦. 2015. 社会化媒体内容分享意愿的影响因素研究——以微博用户转发行为为例. 西安电子科技大学学报（社会科学版），(1)：19-26.
王文宏. 2008. 网络文化的表现形式及其特点. 北京邮电大学学报（社会科学版），(6)：16-20.
韦伯 M. 1999. 社会科学方法论. 李秋霞，田薇，译. 北京：中国人民大学出版社.
温雅. 2013. 基于社会化媒体的政府网络舆情监测与应对. 武汉：华中科技大学.
吴志虎. 2017. 浅析完善大众传媒对政府行政监督路径选择. 长江丛刊，(8)：138.
谢俊贵，叶宏. 2011. 网络群体事件的过程特性及相应对策. 求索，(9)：61-63.
谢树华. 2015. 女孩卸妆见网友差太多遭暴打. http://news.wendu.cn/2015/0126/481934.shtml[2015-01-26].
谢文雅. 2010. 十年间我国网络舆论的发展与引导. 今传媒，18（9）：128-129.
许苗苗. 2008. 网络文化的兴起、演变与意义. 重庆社会科学，(8)：115-119.
许鑫. 2019. 网络公共事件：概念辨析及其要素，特征分析. 惠州学院学报，39（4）：84-90.
徐泽虹. 2017. 中国网络群体事件的生成要素及特征探讨. 法制博览，(25)：293.
杨柳. 2011. 网络群体性事件互动模式分析. 西安：西北大学.
姚伟达. 2010. 网络群体性事件：特征，成因及应对. 理论探索，(4)：112-115.
叶春涛. 2009. 网络社会视域下党的执政能力面临的挑战与应对. 中州学刊，(2)：28-30.
尤红斌. 2004. 网络传播的社会学视角. 上海大学学报（社会科学版），11（6）：60-66.
余晨. 2015. 看见未来：改变互联网世界的人们. 杭州：浙江大学出版社.
詹恂. 2005. 网络文化的主要特征研究. 社会科学研究，(2)：183-184.
张凯. 2018. 浅议互联网应用技术给社会舆论带来的机遇与挑战. 传播力研究，2（23）：248.
郑淮. 2011. 论学生社会性发展的研究范式转变. 华南师范大学学报（社会科学版），(5)：103-107，160.
郑文宝. 2005. 传统文化与网络文化的区别探略. 理论探讨，(3)：125-126.

中国互联网络信息中心（CNNIC）. 2016. 第 37 次《中国互联网络发展状况统计报告》. http://www.cac.gov.cn/2016-01/22/c_1117860830.htm[2016-01-22].
邹宁. 2017. 网络群体性事件的形成机制与发展过程分析. 学园，(32)：11-12.

第四篇　互联网问题举隅

互联网作为对人类社会产生革命性影响的新生事物，自20世纪末以来在全球范围内迅猛发展。互联网的出现深刻地改变了人们的工作、学习、消费和生活方式，“数字化生存”已然成为现实。但是，互联网在带来诸多便捷的同时也成为形形色色社会问题滋生的温床，诸如在互联网中屡见不鲜并且有愈演愈烈之势的网络谣言、信息泄露、不正当竞争、金融诈骗、知识产权侵犯、网络病毒传播等问题。这些问题中既有虚拟世界所独有的问题，如网络病毒传播；也有在物理空间中早已存在的问题，如谣言的传播，但由于网络传播的快捷、无国界、匿名等特征，其危害尤甚。

第 13 章　互联网黑色产业链分析及规制

1977 年，托马斯·捷·瑞安（Thomas J. Ryan）在他创作的科幻小说《P-1 的春天》里描写了一种可以在计算机中互相传染的病毒。这是电脑病毒第一次出现在文学作品里，小说里描述了电脑病毒给人类带来的巨大灾难。差不多同一时间，美国著名的贝尔实验室中，三个年轻人工作之余为了娱乐，编写出能够吃掉别人程序的程序来彼此作战。这个叫作“磁芯大战”（core war）的游戏，进一步体现出电脑病毒“感染性”的概念。1999 年美国大片《黑客帝国》第一部正式与观众见面，2003 年《黑客帝国》第二部和第三部相继上映，电影中描绘的黑客帝国令人感到震惊。在现实中，我们沉浸于互联网发展的繁荣景象的同时，也面临诸多不容忽视的挑战，网络病毒、网络谣言、网络诈骗、网络信息泄露等乱象时有发生。

据中国互联网络信息中心日前发布的第 51 次《中国互联网络发展状况统计报告》显示，截至 2022 年 12 月，我国网民规模达 10.67 亿，互联网普及率达 75.6%。面对如此面广量大的网络市场，有人的地方就会有文明，有文明就会有不文明，有不文明就会有乱象。互联网乱象污染了晴朗网络空间，损害了人民群众利益，扰乱了社会和谐安定。而在诸多网络乱象当中，还存在一些有组织的利用互联网技术实施以营利为目的网络违法行为，甚至形成互联网黑色产业链。

13.1　互联网黑色产业链特性

《2014 年腾讯雷霆行动网络黑色产业链年度报告》中指出，“网络黑色产业链”，就是指以计算机网络为工具，运用计算机和网络技术实施的以营利为目的、有组织、分工明确的团伙式犯罪行为，主要可以分为技术类、社工类[①]和涉黄涉非类三大类型。其实互联网黑色产业链早就引起了人们的注意，国家计算机网络应急技术处理协调中心在 2006 年就对中国互联网黑色产业链进行了研究，《中国互联网黑色产业链现状研究》一文中将黑色产业链划分为七类，分别是信息窃取产业链、黑客培训产业链、网游打币产业链、

① 社工类指利用受害者的信任、好奇心和贪婪等心理弱点，以冒充熟人或博取同情等社会工程学的方式进行网络盗窃、诈骗和敲诈，如网络盗窃、网络诈骗等。

恶意广告产业链、垃圾邮件产业链、敲诈勒索产业链和网络伪冒产业链。

中共中央网络安全和信息化委员会办公室指出网络黑色产业链是指利用互联网技术实施网络攻击、窃取信息、勒索诈骗、盗窃钱财、推广黄赌毒等网络违法行为，以及为这些行为提供工具、资源、平台等准备和非法获利变现的渠道与环节。

互联网经过这些年的发展，我们看到的繁荣场景早已超过预期，同时互联网黑色产业的发展也早已超出人们的想象。这些见不得光的黑色产业链不仅变得更加庞大，同时也呈现出更加可怕的发展特征。

首先，互联网黑色产业成本低，技术高，利润大。互联网的虚拟性及开放性使得黑色产业实现低成本运营，黑色产业链上游的木马病毒、钓鱼网站的制作者和贩卖者的技术水平较高，通过散播病毒和钓鱼网站批量控制用户的终端设备。

其次，黑色产业出现组织规模化、分工专业化的特征。从事黑色产业的人数众多，在这个利益链上大家分工非常明确，和以往从上游到下游的整个产业链都有涉及不同，现在是在这个链条的某一环节实现专业化。

另外一个值得我们注意的特征就是黑色产业逐渐由暗到明，从半公开的纯攻击模式转化为敛财工具，变得更加有恃无恐，利用负面信息肆意敲诈、隐私数据明码标价、木马病毒公然买卖。在互联网发展的进程中，这些黑色产业链参与者利用其掌握的资源肆无忌惮地进行活动。而肆无忌惮的背后是其目的的改变，这也是目前互联网黑色产业链的另一个特征。从前在互联网下看不见的地方更多的是黑客活动，他们通过一系列黑客活动炫耀他们掌握的领先技术，然而如今的黑客活动背后更多是利益的驱使。

13.2 互联网黑色产业链成因

侯林（2015）认为互联网黑色产业链之所以产生并进一步发展，其中最为重要的因素是黑色产业链背后巨大的经济利益的驱动，这些利益致使大量的人走向“另类致富”的道路。网络攻击成本越来越低，而通过网络攻击掌握的资源利用渠道和形式越来越多，从中获取的利益也越来越多。

在互联网黑色产业链上被广泛交易的一个资源单位叫“肉鸡”，这些“肉鸡”是被黑客远程控制的机器。攻击者通过特定的程序进行网络攻击，然后远程控制用户的电脑，随意攫取资源。大量“肉鸡”的集合被称为“肉鸡群”，“肉鸡”一般被黑客以 0.08 元、0.1 元到 30 元不等的价格出售。能够使用几天的“肉鸡”可以卖到 0.5 元到 1 元一只；如果可以使用半个月以上，则可卖到几十元一只。如果一只普通的“灰鸽子”（一款集多种控制方式于一体的木马程序）操控者一个月抓 10 万台“肉鸡”，那么这个控制者的月收入便可以轻松过万。这个收入还不包括通过“肉鸡”盗取的虚拟财产和真实财产，获取隐私数据进行非法交易、种植流氓软件、发起分布式拒绝服务（distributed denial of service，DDoS）攻击等方式牟取的收入。因此，王新（2008）认为正是由于“灰鸽子”背后每一个环节所具有的巨大经济诱惑，使得无数人深陷其中，黑色产业链也因此不断膨胀。

除了以上的根本因素，有一些客观的因素也使得黑色产业链逐渐作为一个庞大的地下产业链而存在于人们的生活中。一是因为立法的不完善和滞后。中国人民大学法学院教授刘品新在《网络安全立法走向何方》一文中指出，国际上各国的网络安全法律制度其根本缺陷之一是，真正法律层级上的规定少，部门规章和地方性法规多，条款的可执行性不够好；根本缺陷之二是，禁止性规范多而保护性规范少，即“重管制轻权利”。虽然各国都在加强互联网安全方面的法律法规建设，但是其效力对于这个巨大的鱼龙混杂的行业而言还是远远不够。由于互联网违法成本低，这也使得不法分子敢于利用这些漏洞从事非法活动。再者，法律法规的不完善也增加了界定某些互联网行为是否违法的困难。

另外，张再云和魏刚（2003）对网络匿名性问题进行了探究。互联网上的用户们都使用自己的昵称，从用户信息出发难以定位到真实个人，因此对于线上的不法活动取证困难，分散广布的特征也增加了执法的难度。总体来说，互联网的执法活动具有立案难、取证难、定罪难的问题。这些困难也使得社会打击力度得不到有效加强。

互联网本身具有的特性和立法方面的不足，以及巨大利益诱惑塑造出了互联网黑色产业链如今的模样。而日新月异的互联网技术在某种程度上给不法分子提供了越来越便利的工具。在接下来的部分，笔者将介绍一些使用互联网获得黑色利益的具体事例，探究它们的运作模式，从而使读者更加深入地了解潜伏在日常生活中的互联网黑色产业链。

13.3　互联网黑色产业链的典型案例

13.3.1　伪装丰富的虚假运营

你知道吗？

有关刷单的例子

《楚天都市报》于 2015 年 4 月 15 日报道了大学生张某在中介平台卧底 2 个多月发现的交易内幕。张某是某高校大三学生，2014 年 6 月通过同学介绍，接触到名为“果果-天下-十团全体会员群”的 YY 语音聊天平台，交纳 99 元入会费后进入该平台。随后经过注册、填写信息、培训等一系列严格的程序，开始了他的刷单之旅。大半年来经他手刷过的虚假购物记录达 2000 多单，也就是说，他违心给淘宝卖家增加了 2000 多笔虚假交易量，打了 2000 多个虚假的好评。张某透露第一次刷单流程是这样的：2 月 5 日晚上 11 点，主持人“黑猫”发布了任务：“代付单，佣金 2.5，周 4、月 8，待收货+代付+评价不超 7，安全满月号，2 星以上来做，做过的别来了”。这个“任务”的意思如下：该单由中介主持远程代付款，刷手买完确认收货之后，会有 2.5 元的佣金。而这单“任务”对会员淘宝账号的要求是每周购物不超过 4 次，每月不超过 8 次，该账号里面待确认收货、待发货和待评价的商品数量总和不超过 7 个，购物账号需要实名，并且有 2 颗星以上的信誉，而且淘宝账号的注册时间要超过一个月以上。“黑猫”解释说，限制刷单者的购物次数，是为了避免淘宝官方的检查。同样，要求刷手账号里面待确认收货、待发货和待评价的商品数量总和不超过7个，因为“如果一个买家账号里很多都是待确认、待发货信息，那就有刷单嫌疑。”当张某接下这个单子，“黑猫”首先发来一份关键词“**个人护理专营店，吹风机大功率”，随后又发来一张该店商品的截图，并注明全程手机单（用手机淘宝来操作）。张某登录手机淘宝在第一页找到了该店，发现该店交易量为5513件，远超同类产品。张某将该店截图发给“黑猫”，“黑猫”随后发来拍单说明：“货比3家，还要与卖家假聊天，把浏览的其他店铺和假聊内容截图。”“黑猫”解释说，这些浏览时间长度，都会影响到淘宝中商品的排名和位置，而且也可避免淘宝官方认定为“恶意虚假刷单”，因为“只有真正的买家才会浏览其他同类产品。”张某按要求拍下该产品，价格为117元，“黑猫”确认无误后代付了货款。4天后，张某收到“货物”——一个空包裹。第二天，张某的淘宝账号收到了2.5元的佣金。

生活中还有许多类似的例子，当我们打开直播平台时，总会对某些数字感到诧异，一些无聊怪异的直播竟然有数十万人观看，点进去却发现弹幕寥寥无几。其实大家对观看人数心知肚明，不少主播也曾暗示过平台数据不是真实可信的。另一大类就是用户评论，无论是淘宝、京东还是大众点评，大家都会参考用户评论来做出选择，然而有些店家竟然只有几个差评，这让人不得不心存疑虑。

互联网具有虚拟性的特征，我们通过互联网可以跨越空间甚至时间进行交流和交易，而不再需要面对面，通过网络看到和得到的信息已经远远超过过去的信息量。随着互联网的发展，网络用户的网上活动也从以前单向地从互联网获取信息到和互联网进行数据的交互，不仅可以下载获取还可以自己创造上传，极大地丰富了互联网信息体量。在互联网的环境中，我们能直观看到所呈现出来的各种信息数据，但这些信息都是真实的吗？在互联网时代下我们到底该信多少？

1. 什么是虚假运营手段

互联网的虚拟运营随着互联网的蓬勃发展而出现，其手段也越来越多样化。这些运营方式在众多网民或者消费者看不见的地底下悄然进行着，它们追求财富，有一套非常规的路子。那么，什么叫“虚拟运营”呢？知乎中国互联网深度数据分析洞察专栏的一篇文章把它定义为充分把握大众心理，利用一些网络规则，带着某种目的性创造一种让人信以为真的假象，从而获利。

在现实生活中存在一些使用虚假运营手段的案例，但是由于现实中虚假运营成本高，可操作性较低，对实体经济运行的威胁不足以引起注意，所以相对而言比较少。例如，某些楼盘会雇用一些“托”制造售楼中心门庭若市的假象，其目的是吸引客户，促成交易。而在互联网上，虚假运营手段显得更加多样化，并且这种虚假运营的成本极低，风险较小，因而被发挥到极致。总体而言，根据《数字金融反欺诈白皮书》中提到的虚假运营手段以及在东方财富网发布的有关网络黑灰产业四大类型，笔者认为虚假运营手段包括虚假信息的运营、虚假数据的运营，这两种虚假运营手段的深度也是逐步递增的。

2. 虚假信息的运营

现实中，有专门的刷单公司和相关的刷单软件，这个群体通过收取佣金，为一些店铺制造生意火爆的假象，从而促进真实顾客的购买意愿。它们模拟真实的交易流程，从而提高产品的展现率和交易率，伪造好评，取得消费者信任。这种方式建立在欺诈消费者的基础上，是一种销售作假行为。

虚假信息的运营是虚假运营里面层次较低的一种。它在生活中比较常见，相对而言也好理解。这种方式给网民呈现虚构的、具有指向性的信息，从而吸引消费者，骗取消费者的信任，促成交易。其中以淘宝刷单现象和一些不法微商的推广方式最有代表性；另外利用 UGC 平台，通过流量分发变现，也是虚假信息运营的重要手段。

前者通过移动终端直接变现，利益更大。当我们刷微博时，发现很多微博账号都有大量的僵尸粉，这些粉丝并不是真正意义上的粉丝，而是类似于机器一样的虚假粉丝，有些甚至还可以自动评论，以此刷高浏览量或者评论量；当我们浏览某些招聘网站时，会发现很多虚假职位信息，有的会说某某公司已经给你留言，缴费注册之后即可看到全部信息；当使用某些新发布的 APP 时，会发现才上线几天便有几百万的用户；当我们逛朋友圈时，会发现一些微商的产品才推出来就有各种交易信息、支付信息、发货信息。除了上述列举的例子以外，此类虚假信息在互联网上还有更多的形态。

另外，很常见的一种虚假信息运营手段是利用 UGC 平台制造虚假用户和虚假信息进行虚拟运营。过去人们主要利用互联网下载获取信息，现在还可以上传分享信息，从被动的受众转向主动的信息传播者，实现传播的双向性。这样一来，网络用户可以在互联网的庞大信息系统中游走，并实现角色的交互。而通过这种交互作用开展的虚假信息运营方式也较多，其中比较典型的就是各种健康问答平台上的医生回复，有些平台可能搜集大量的医生信息构建虚假用户，后台大量的根本没有任何医疗知识的键盘手根据话术，引导提问的病人到指定的民营医院就医，获得暴利。

大部分 APP 的使用者喜欢参考平台上其他用户的体验和评价，而这一点恰好被商家抓住，利用上述种种虚假信息制造出值得消费者信赖并值得选择购买的假象，骗取消费者的信任。

3. 虚假数据的运营

通过虚假数据，构造虚拟场景和虚拟世界，骗取钱财。这种方式相对于虚假信息的手段更加深入。

虚假数据的运营相对而言，更考验技术，难度更大，并不像虚假信息的运营那样花点功夫就能掌握其道。这种手段要求对产品的理解必须要足够到位，对产品的设计要有清晰的思路，同时要用心揣摩用户心理，构建整个虚拟的系统吸引网络用户。这里不单单要利用人工智能或者掌握大量深入用户心理的话术，同时需要构造一个模拟真实场景的虚拟世界。打造完一个虚拟世界后，所有的用户相对独立，因此虚假数据的运营并非一般人能达到的。在这个过程中，凭借大量网络用户的基本信息及其在互联网上的足迹，例如交易记录、购买记录、网页浏览记录、酒店机票数据甚至是聊天记录等分析出每个用户的基本特性、消费偏好以及心理行为特征，再根据这些特征有针对性地向用户发送相关信息，在虚拟场景中设置各种“定制性”的诱惑，给每个用户设置一个符合其基本特征的场景，这样一来虚拟世界的构造将更加逼真，以致网络用户更容易被带进这样的虚拟场景和虚拟世界中，比如比特币交易。

互联网虚假运营手段目前就是虚假信息和虚假数据的运营，虚假信息的运营在我们日常生活中无处不在；虚假数据的运营也在一些需求不同的群体中泛滥。这些不法商家利用虚假运营手段欺骗用户，促成交易，损害消费者的利益。与此同时，互联网上的虚假运营成本远低于现实中的虚假运营成本，而收益却是超出想象的，这在某种程度上更是促进了虚假运营的发展。

互联网虚假运营者只顾眼前利益，编造虚假数据，欺骗消费者，然而他们却也忘了现在是大数据的时代，基于数据的各种分析技术都将会因为他们发布的虚假数据受到长远的影响。

13.3.2 “五花八门”的攻击敲诈勒索

你知道吗?

案　例[①]

中华人民共和国国家互联网信息办公室于2015年9月13日发布了一份关于敲诈勒索案件的官方报告：周某宝1985年出生，甘肃陇西县云田镇人，初中文化，曾是知名网络写手、网络爆料人。法院经审理查明，2011年，周某宝萌生在网上“曝光”负面信息要挟他人，进而非法敛财的想法。2011年6月至8月，周某宝采用上述方式，依照“选择目标、网络曝光、获得财物、正面宣传”的作案步骤，先后敲诈勒索他人财物，共计10.8万元。

此前，江苏省昆山市警方接报称，周某宝以昆山市全福寺存在假和尚，欺骗游客消费等情况为由，多次打电话联系该寺庙管理单位负责人陈某，敲诈勒索，并威胁将向相关政府部门信访投诉。在对寺庙管理方施压后，他又以不在网上曝光、投诉作为条件，假借“正面宣传”名义，向陈某索要8万元，后因陈某向公安机关报案而未得逞。

公安机关侦查发现，周某宝还先后对广西桂林市阳朔鉴山寺、浙江桐乡市乌镇修真观以同样手法进行敲诈勒索，分别得款人民币4万元和6.8万元。2014年5月，昆山市检察院依法将此案向昆山市法院提起公诉。

最终，周某宝因犯敲诈勒索罪，被江苏省昆山市人民法院依法判处有期徒刑5年，并处罚金3万元。

互联网发展到如今，网络用户在其中扮演着越来越重要的角色。个人可以通过互联网自由发表言论、分享信息，社交媒体盛行，主流社交媒体高度活跃，形形色色的自媒体如雨后春笋般出现，都充分说明了这一点。分析一个人的朋友圈，我们几乎能掌握他

① 资料来源：http://www.cac.gov.cn/2015-09/08/c_1116499689.htm。

的动态，了解他的喜好，获得大量个人信息。这种信息几乎可以被任何人找到，并可能用于敲诈勒索。同时，互联网的传播特性能让一些丑闻迅速传播，这无疑加重了敲诈者手中筹码的分量。

1. 什么是攻击敲诈勒索

互联网信息具有开放性、即时性的特征，我们可以在地铁上、在等公交时、在办公室、在用餐时、在睡觉前浏览他人分享的信息，能够以最快的速度了解当下世界各地发生的重大事件。同时也可以通过互联网分享自己的生活，可以建立网站进行产品展示和交易，可以对时事发表自己观点和看法……与此同时，我们在互联网上进行的每一个操作也都留下了相应的足迹。

互联网信息传播具有高速性和广泛性。以微信朋友圈为例，微信推出“2016 微信公开课”，记录用户在何时注册了微信账号，是第多少个微信用户，什么时候发送了第一条朋友圈等信息，几乎所有微信用户朋友圈在半个小时内就都被这个记录刷屏。

敲诈勒索在网络上的解释是依仗势力或通过抓住把柄对他人进行恐吓，用威胁手段索取财物。网络攻击敲诈勒索将互联网的特性以及互联网信息传播的特性充分利用起来，即利用在互联网上的相关权力，并通过互联网这一媒介抓住他人的把柄，然后进行威胁恐吓，索取财物。互联网深度数据分析公司 TOMsInsight 在其分析报告《互联网黑市分析：攻击敲诈勒索》中把网络攻击敲诈勒索分为人肉型、信息型、技术型、创意型四大类。

2. 人肉型网络攻击敲诈勒索

人肉型网络攻击敲诈勒索具体分为四种行为，分别是恶意购买、恶意差评、恶意投诉、恶意点击。这几种行为大多发生在电商平台，敲诈团队利用商家对于信用评价的重视，进行敲诈勒索。

恶意购买：这类行为主要针对可以货到付款的电商。敲诈团伙有针对性地大量下虚假订单，当商家发货之后，货物到达，送货人却找不到用户，这时包裹只好被退回来。商品的发货退货会使商家蒙受一定损失，随着虚假订单的增多，损失自然也会增加。这时候，敲诈者给商家发送信息，称其若不支付一定的费用，就会让这种损失持续增加。

恶意差评：这种形式的敲诈勒索常在购物平台上出现，而且已经形成了一个比较成熟的地下产业链，催生出一个叫“恶意差评师”的职业。“恶意差评师”会注册很多小号，然后去电商平台购买商品，买来之后便编造各种理由，以“给差评”作为威胁，要求商家给钱取消差评。对于信誉极高的店铺，几个差评一般影响不太大，但是对于星级用户，几个差评基本上会阻断其发展道路。所以，为了生存发展，很多商家会支付这部分钱。

恶意投诉：这种形式在大型电商的第三方加盟店出现较多，例如京东、亚马逊等平台，这些平台十分看重加盟店的信用口碑。敲诈者使用多个 ID（一般几十或上百个）在这些平台的第三方加盟店购买商品，购买后去平台投诉商家售卖假货、没有发票、服务差等。投诉众多的情况下，电商平台一般会对加盟店进行审核整治，甚至撤销其经营资格。这时敲诈者便威胁商家，如果支付一定费用，就撤回投诉。为了自身发展，多数商家还是会按照这些敲诈者的说法去做，使得这些人阴谋得逞。

恶意点击：这类行为主要针对网站投放的广告。比如，很多平台的广告都是CPC（cost per click）广告，即按点击付费。在这种模式下，每当有一次点击访问便产生几元到几十元不等的广告费。敲诈者通常组织几百，甚至上千人去点击该网站的广告，浪费其大量的广告费用。再比如一个刚上线的APP进行推广时，会采用CPA（cost per action）激活，即按注册成功率支付费用，大量的敲诈者定向下载APP再将其卸载，实际上造成极大的广告费用浪费。巨额的广告及推广费用对中小企业，尤其是在“双创”热潮中的初创企业来讲，是极其沉重的负担。敲诈者这时会给企业发送信息，告知企业每天支付如此大额的广告费，不如向他们支付一定费用，他们便会就此罢手。

3. 信息型网络攻击敲诈勒索

2014年9月，21世纪网多人因涉嫌特大新闻敲诈案被依法采取强制措施。涉案人员以21世纪网为主要平台，通过一些渠道（主要是公关公司和业内人士），选取部分即将上市或已经上市、重视媒体报道的公司为目标，从事非法活动。经查证，21世纪网先后迫使100多家IPO企业、上市公司与其建立合作关系，向每家企业收取20万元至30万元的“破财免灾”费用，勒索金额累计数亿元。网站利用自己掌握的对这些企业不利的信息资源实行敲诈勒索，逼迫企业签订合作协议。若这些目标企业不予合作，网站将大肆报道企业负面新闻，损害企业声誉形象[①]。

在高额利益的诱惑下，一些网络媒体也容易偏离正道，利用其拥有的渠道获得负面信息，并依仗其用户关注度及信息传播力，对个人或企业进行敲诈勒索。

网络信息平台是一个开放的平台，网络用户可以在平台上发布自己的观点，并对他人的观点进行评论。网络水军就会经常出没于这种互动的地方，比如论坛、贴吧、微博、博客、知道、知乎问答等。一般情况下，水军受雇于网络公关公司，目的是充分发挥互联网“全民参与”的优势，通过回帖等方式覆盖正常的信息，达到炒作或其他目的。由于利益的驱使，网络上出现大量散布负面信息的网络水军，这些水军发布某些负面信息以攻击同类竞争者。水军负面信息易发难删，一般都只有平台相关负责人或者管理人员才能操作。如果某些负责人或者管理人也是整个水军利益链中的一环，发布负面信息的操作更容易，但要删除这些信息则存在一定难度。

这种招募水军进行攻击的行为给正常经营者和正常的运营活动带来了巨大的负面影响，攻击者会提出类似“有偿删帖”的解决办法，至此，网络攻击行为变成一种攻击敲诈勒索行为。

相对于水军发布的负面信息而言，SEO[②]负面信息更易于敲诈者控制。这种方式以搜索引擎为突破口，当我们在搜索引擎上搜索某品牌或某企业的关键词时，前几页出现的都是关于此品牌或者该企业的负面信息，这就是敲诈者想要制造的效果。这些负面信息出自于这些敲诈者之手，他们可以自由控制，进行发布与删除的操作。敲诈者在制造出这种“麻烦”后，便告知那些受攻击的企业，如果交钱，他们就删除那些负面信息。而

---

① 资料来源：http://www.gov.cn/xinwen/2014-09/29/content_2758813.htm。

② SEO（search engine optimization）指搜索引擎优化，利用搜索引擎的规则提高网站在有关搜索引擎内的自然排名。

实现这种攻击的主要工具是黑链，黑链是 SEO 方式中较为常见的手段，在互联网的黑色产业链上明码实价，敲诈者可以在互联网黑色产业链上购买获得。这些敲诈者通过特定的程序模版，抓取一定数据，制作多个新闻类、博客类的网站，通过关键词优化和黑链技术，快速地把自己网站上一些带有被攻击品牌或企业关键词的新闻优化到前几页，以此来随意控制信息的发布内容，一旦收到钱款后敲诈者就删掉这些信息。

这类攻击型敲诈勒索相比水军有更高的技术要求，其目标也更加明确，而且这种行为也涉及了“真正的互联网黑色产业链”。从前面的例子我们不难发现，其他的行为都不涉及违法商品的交易，它们都是简单地利用互联网特性进行违法犯罪活动。而黑链的交易是实实在在的交易行为，更接近传统意义上的黑色产业链。

某些人通过不正当手段获取个人的隐私信息，然后利用互联网的公开性和传播的高速性威胁个人，敲诈者声称如果不给钱，将会把个人的一些信息公开发布到互联网上。互联网时代，我们在网络上创建个人空间，可以通过不同平台的账号密码保护形成自己的空间，发布相关信息（文字、图片、视频等），看似非常安全，实则这些信息都是“公开”的。这种公开可能是不法分子使然，也可能是平台企业使然，也可能是互联网的特质使然。从某种意义上讲，互联网上并无隐私可言，如今的“大数据技术”更是把网络大众带入到了开放透明的“裸奔”时代。所以，我们在网络上发布信息时，自身一定要十分注意隐私的保护问题，最大限度地保证信息安全。当然，目前知名的互联网企业都在不断地研究隐私问题的安全对策，不断地从技术上去建立更高的防线。

4. 技术型网络攻击敲诈勒索

技术型网络攻击敲诈勒索利用了黑客技术，相较而言，敲诈勒索的金额也比前两种方式更高，因为这种方式的攻击给被害者造成的伤害更加直接，程度也更深。2017 年勒索病毒疯狂肆虐，电脑中毒后文件被加密，无法打开。受害者只有支付对方索取的金额，才能恢复文件。这种攻击影响范围巨大，容易引起各方关注，这类问题往往会通过众人之力解决。

当前技术型网络攻击敲诈勒索比较典型的方式是：DDoS 攻击。这种攻击方式可追溯到 1996 年初，主要通过很多“僵尸主机”，也称为“肉鸡”（被黑客入侵过或可间接利用的主机），向受害主机发送大量看似合法的网络包，从而造成网络阻塞或服务器资源耗尽而导致拒绝服务问题。DDoS 攻击一旦被实施，攻击网络包就会如洪水般涌向受害主机，从而把合法用户的网络包淹没，导致合法用户无法正常访问服务器的网络资源。所以 DDoS 攻击目的就是让合法用户无法访问正常网络。这种方式下黑客给这些攻击者提供“僵尸主机”，不参与敲诈勒索。另外，因为网站带宽需要足够承受 DDoS，其成本也相当高，所以敲诈勒索额金额也会较高。这种情况多出现在一些电商的秒杀阶段或者抢购阶段。

黑客的主要做法是入侵网站并获取用户数据，获取数据库之后便联系被入侵的网站，威胁其如果不支付一定的费用，就将公开该网站的用户数据库，即行业内所说的“撕票”。但目前由于“行业”的混乱，有些黑客会因为追求更高额的利益而破坏“行规”，可能将其获取的用户数据直接售卖给受害者的竞争者或者其他主体，进行数据的非法交易。在数据交易的背后依然可能出现进一步的敲诈勒索，某些敲诈者可能深度挖掘用户的个人信息，直接敲诈勒索用户。

5. 创意型网络攻击敲诈勒索

前面提到的攻击敲诈手段是最常见的三种类型，但攻击敲诈勒索行业发展至今，也不断地“推陈出新”以及“融会贯通”，让人防不胜防。主要的方法是结合传统的诈骗陷阱并运用互联网的手段来敲诈勒索。

例如，把“桃色陷阱”与“社交工具”相结合。当受害者由于一时冲动进入了敲诈者的圈套后，敲诈者会诱骗受害者下载未经审核的APP，从而盗取并利用受害者的私人信息，如利用不恰当的言论威胁受害者。除此之外，敲诈者也把“利益陷阱”与“支付工具”相结合。这类敲诈通常针对一些对支付工具不熟悉的老年人，通过一些小利益诱惑老年人，从而滚雪球似地提高诱骗金额。刚开始敲诈者并不会索要密码或者支付信息等，但随着与老年人的互动和熟悉，会以操作烦琐或必要的手续来说服老年人交出私人的支付信息。此外，敲诈者会利用“法律威胁”与“购物工具”相结合。这类敲诈针对经常网上购物的年轻人，敲诈者会告知受害者其网络购物不小心触犯了国家的某某法律，包括违规贷款以及包裹问题等。由于年轻人法律意识淡薄，并且害怕承担过多的责任，敲诈者会不断地深化法律的威胁并孤立受害者，让受害者只相信敲诈者并一步步落入陷阱。

综上所述，创意型的攻击敲诈勒索实际上抓住了受害者的“羞愧”心理，首先孤立受害者，其次建立与受害者的联系，最后抓住受害者的“痛点”完成诈骗。很多受害者甚至在被诈骗后还不愿意报警因为害怕自己的负面消息在周围人群中传播。不过随着国家反诈中心APP的推出，消费者的反诈意识已经提高，这些创意型网络攻击敲诈勒索也会逐渐减少。

13.3.3 盗存信息的社工库

在英剧《神探夏洛克》里，黑客用一个小小的手机程序就破解了严密的安保系统。这虽然是影视剧中人们虚构出的夸张情节，但在现实生活中利用网络信息技术窃取个人信息的情况确实时常发生。虽然我们已经知道自己的信息存在一定程度的泄露，但真实情况远比我们想象的严重。互联网时代是一个信息爆炸的时代，随着网络用户的爆发式增长，互联网上的数据越来越丰富，人们将以往许多的线下活动搬到互联网上，例如在网络上进行的社交活动，通过文字、图片、视频等各种方式交友，和朋友交流感情；在网络上进行购物，通过众多电商平台，全方位地对比商品展示信息以及可见的顾客评价做出消费决策；在各大搜索引擎上搜索信息；通过网络进行资金的管理等。这些“足迹”交织在一起，几乎能呈现出一个人的生活形态，这可能被“有心人”利用，实现某些目的。以最简单的淘宝网首页展示为例，它会根据用户过去的浏览记录、购买记录等数据分析顾客的消费偏好，从而推送个性化的商品。在以往，当我们要研究某些问题时，因为资源的限制只能做抽样调查分析，以小见大，将我们得出的结论应用于一般情况。而在全新的互联网时代，我们可以轻易收集到海量的信息，当我们需要分析时，几乎可以得到我们研究对象全方位的信息，这样的分析更加精准，得出的结论也更加可信。正如一个硬币有两面，大数据时代的到来也是有利有弊的。在互联网黑色产业链中，社工库几乎是所有其他黑色产业链的基础，基于非法手段得来的数据库可以为其他黑色手段提供数据支持。那究竟什么是社工库呢？

1. 什么是社工库

根据中国专业开发者社区构建的社工库框架以及搜狐网的相关报道，社工库是社会工程数据库（social engineering database）的简称，这个词语分解开来就是社会工程和数据库。大家平时对数据库接触很多，因此这个概念很好理解，就是一组数据按照一定的数据结构组织储存的集合。而社会工程学是一种集心理学、语言学、组织行为学等多种社会学科于一体的学科。此种攻击方式与其他攻击手段最大的区别在于利用受害者的心理弱点进行攻击，而非利用高级的攻击技术。它的目的在于获取一些不那么容易获取的信息。黑客在盗存信息之前会做大量的前期准备，搜集很多相关资料和基本信息；然后对信息进行筛选，挑出有价值的信息进行交易。然而公开兜售用户隐私是触犯刑法的，所以一切信息的非法交易都在我们看不到的地方偷偷进行。之后，别有用心之人利用得到的用户数据在其他网站上尝试破解用户信息的保护屏障，如用盗取或交易获取的小网站上的登录密码去解锁用户的淘宝、京东等关键网站，不断地破解不同的网站，再从不同网站上截取用户不同的信息，由此一个全方位、多维度的社工库就形成了。

2. 社工库数据来源：数据盗窃

你知道吗？

案　　例[①]

小倩在大学期间主修生物工程，毕业后到某药业集团实验室工作，因为其随和的性格和善良的天性，人际关系处得相当不错，生活过得有滋有味。某天中午小倩在休息时，手机突然响了，小倩拿起手机，看到来自某市派出所的来电，带着满满的疑惑和丝丝紧张接通了电话。“喂，你好！请问你是小倩吗？”“嗯，是的”“你好！你家住在 XX 是吧？身份证是 XX 对吗？我们近期发现你在从事一些违法行为，如果不是你的话，可能有人利用你的身份证号在 XX 作案，此事很机密，请你配合我们调查。先不要将此事告诉任何人，你现在需要打 5000 元保证金。”涉世不深的小倩吓坏了，听到电话那头将自己的很多隐私信息说得一清二楚，也没怀疑，觉得自己遇到麻烦了，非常担心害怕，又被告知不能告诉其他人，当下不知道该怎么办。过了一会儿，小倩心理负担太大，于是决定还是给自己大学闺蜜打个电话寻求帮助。小倩大学同学一听这事就知道是诈骗，于是告诉她不用去管。但是小倩还是担心不给钱的话，骗子会不会把她或者家人怎么样，毕竟骗子掌握了那么多信息。小倩同学说：“不要担心，这些骗子也就骗骗试试运气，骗不到也就算了，不会怎么样。你以后可要多长个心眼，不要人家说什么你就信了。”

① https://www.shantou.gov.cn/stsgaj/gkmlpt/content/2/2004/mpost_2004241.html#3485，根据上述网址上的案例适当改编。

在虚拟的网络世界里，不管是在社交平台还是在购物平台，我们都会有相应的属于自己的ID和个人设置的密码，我们在各类账号中存储各种信息，这样看来，千千万万的网络用户在网络中都拥有一个自己的独立空间，我们通过设置各种密码和权限保护我们的隐私，隐藏我们在网络世界留下的足迹。但是，在互联网技术的不断发展下，黑客们掌握的技术也在不断升级，终究还是可以突破一层层技术壁垒。可以说，在互联网中个人隐私看似有保障，但实则大部分信息已经公开了。

据环球科技网报道，网站用户数据泄露事件时有发生，但我们知晓的也只是数据泄露事件中公开的那一部分。2013年12月29日，国内著名的安全漏洞报告平台乌云发布漏洞报告称，某网络支付平台超过20G的海量用户信息被员工在后台下载并有偿出售给电商公司、数据公司用于网络营销，泄露账号总量高达1500万~2500万之多[①]。2015年5月14日凌晨，乌云平台发布消息称小米论坛官方数据遭泄露[②]。2015年2月优步（Uber）5万名司机信息泄露，其中包括司机的社保码、相片、车辆登记号等[③]。据调查，这些数据泄露是撞库所致，但这些数据盗窃案也只是数据盗窃行为的冰山一角。

黑客会通过特别的技术手段盗取网站的相关数据，而如何将这些数据变现才是他们面临的核心问题。这个地下产业链在很早之前就已形成，目前为止已经发展得相当成熟。数据盗窃通常会经历脱库、洗库、撞库这几个过程。在过去，通常是黑客一条线操作。但是如今各个阶段的分工协作已经相当清晰。

脱库是数据盗窃的第一个阶段，即从网站将数据库盗走的阶段；接着是将盗来的数据进行清理，留下相对有价值或者有潜在价值的数据，这个过程被称为洗库；而撞库是指用从某个网站盗来的账号和密码数据去登录其他网站，黑客们有可能在这个阶段获取很多利益，因为很多用户会在不同网站使用同一个账号和密码。

目前，黑色产业链中较为主流的数据交易方式是定制型交易，即客户（一般是被攻击者的竞争者或者上下游企业）雇用黑客攻击某个网站，获取该网站的数据。根据黑色产业链行规，黑客在这种交易模式下得到的数据是不能进行再交易的，除非黑客自己用这些数据进行洗库、撞库或者进行一定的清理补充再用，在洗库中筛选的有价值的数据一般是可以直接变现的部分，如有预存款和虚拟装备的账号，但是这部分价值不大。也有直接进行数据交易的，这种方式下的数据可以被多次交易，但是由于其寻找目标客户需要一定的成本，加之很可能存在一些虚假数据或者各种其他骗局，所以这种方式在黑色产业链中的占比越来越小。

3. 社工库的构建

经过很多次操作交易之后，黑客手上会有很多网站的用户资料。这些信息一般是诈骗团伙定制的，所以不会再次进行交易。这个阶段黑客们就会将自己拥有的数据整理组

---

① 数据来源于中国日报网. 2014. 支付宝“内鬼门”曝产业链：一条信息可卖数十元. http://www.chinadaily.com.cn/qiye/2014-01/06/content_17217391.htm.

② 数据来源于经济参考网. 2014. 小米手机涉嫌泄密遭多地调查. http://www.jjckb.cn/2014-08/18/content_517440.htm.

③ 数据来源于环球网. 2015. 5万名优步司机信息遭泄露 系该公司最大数据事故. https://tech.huanqiu.com/article/9CaKrnJIf1L.

合，有可能形成更加丰富的数据，从而构建一个社工库。或者黑客选择与其他黑客合作，从而拥有更加丰富多样的数据源，共建一个社工库。数据一旦足够丰富，其可操作性和价值将变得更大。目前有一些公开的社工库，这些社工库拥有的个人信息量已经令人难以置信，所以那些隐匿于地下的社工库信息一定多到让人难以想象。之前所提到的在互联网上涉及网络生活方方面面的“足迹”，黑客们同样可以根据拥有的这些数据分析网络用户的网络行为、个人财产信息等各种信息。

搜狐网转载了华安科欢局的文章，讲述了黑客与社工库之间千丝万缕的联系。那么构建社工库对于黑客来说到底有哪些好处呢？一是洗库让数据升值，由于数据来源更丰富，因此洗库得到的价值会更大。二是让诈骗成功率更高。当拥有某一用户的全面信息之后，可以根据用户的一些特征实施具有针对性的诈骗。同时诈骗的方式也会因为数据的针对性更强而变得更加多样，诈骗金额也会随之增加。这里需要清楚的一点是，一般实施诈骗的不是黑客，黑客通过各种技术或非技术的方式对数据进行分析，分类关联诈骗目标，将这些诈骗目标与特定信息匹配再出售。最后，我们知道信息是生产力，数据信息在互联网时代代表着一种更强大的生产力。社工库的数据同时也是很多地下产业链的基础，黑客们可以将数据整理售卖给地下产业链中有需要的诈骗团伙。

《通信信息报》就强烈谴责过“社工库”的泄密行为，并表示这种社工库无疑是违法的：它窃取了个人信息后在黑色产业链中贩卖，买者利用这些个人信息，实施网络诈骗，损害个人利益。这一条产业链严重侵犯了个人隐私，而信息的贩卖就是互联网市场中最大的毒瘤。

13.3.4　防不胜防的网络诈骗

相信大家对诈骗毫不陌生，在和亲戚朋友聚会聊天时总能听到各种低劣的诈骗手段。比如伪造熟人借钱、某某生病住院需要打钱。这类传统诈骗手段并不高明，只要打个电话就能知道真相，诈骗者获取的信息也不够多。如今的网络诈骗形式多样，而且诈骗者通过社工库获得了大量信息，让人更容易受骗。

网络诈骗活动日益猖獗，其中受害者多是普通的网络用户，网络诈骗行为极大地损害了老百姓的利益。尽管各方不断采取措施防范、打击网络诈骗，但是由于网络的一些特性，网络诈骗活动依旧在看不见的地方肆意活动。

1. 网络诈骗屡屡得逞之因

根据四川日报网从四川省公安厅获取的网络诈骗数据，以及人民网报告的公安机关从实践中梳理出的常见的 48 种电信诈骗手法，笔者总结出以下几个网络诈骗屡屡得逞的原因。

首先，网络诈骗活动隐蔽性强，侦查难度大。因为网络的特性，其作案活动不受地理位置的限制，所以实施网络诈骗的团体很有可能分布在全国各地，覆盖面极其广泛。

其次，网络诈骗团队作案专业化，网络诈骗等犯罪行为逐渐呈现跨平台、集团化、分工作案的趋势。共同实施诈骗行为的团伙内部人员可能相互不认识，他们之间通过网络通信，各自负责诈骗环节其中一环，责任非常明确清晰，实行专业化分工，进行密切联系。犯罪团伙日趋组织化、专业化，给民警破案造成巨大困难。

除此之外，很多人在虚拟世界的警惕性要比在现实生活中弱。诈骗人员在诈骗过程中实施广撒网的方式，但也不是盲目广撒网，他们通过各种渠道获取海量的基本信息，了解个人的相关特点实施诈骗，在这个过程中，诈骗人员充分利用很多人爱贪小便宜、急需一笔资金等心理特征实施诈骗。

最后，能够实施诈骗的前提是拥有大量用户信息，那么这些个人信息从哪里来呢？诈骗团伙拥有的个人信息大多来自地下产业链，来源主要分为以下三类：一是某些不良商业机构的贩卖，这些商家拥有大量的个人信息，有可能是员工信息也可能是客户的信息；二是黑客盗窃数据然后进行交易，此种方式在上一节中有详细说明，此处不再赘述；三是通过木马钓鱼盗号，一些新型的木马病毒不仅可以通过手机盗取用户的上网账号和密码，还会窃取短信验证码、手机号码和用户通讯录、短信等个人信息，这些信息会通过短信或联网上传的方式，发送给木马控制者；钓鱼网站是盗取消费者个人信息的另外一种常见手段。这些个人信息为诈骗行为的实施提供了基础。

当我们在互联网上进行活动时，交互对象的面貌我们并不能完全保证真实。所以我们通常通过呈现出来的信息和自己已有的认知判断事物的真实性，但是人的认知是有限的，通过已有的认知判断事物往往缺乏足够的依据，所以不管网络诈骗多么“高端”，我们都要提高自己的防范意识，这才是最坚实的一道防线。

2. 网络诈骗主要类型

1）退款诈骗

退款诈骗多假借电商平台或者银行的名义进行，常用的手段是给购物者发送十分逼真的诈骗信息，引诱购物者点击诈骗人员发送的链接（这些链接实际上是钓鱼网站），从而骗取钱款。诈骗内容多类似于“您好，刚才您以 378 元的价格在我们网店购买了一件黑色男士皮鞋，因支付宝升级，您的钱卡在支付宝里了，现在需要把钱退还给您，请协助办理退款。”因为信息内容涉及很多交易的具体信息，很容易得到购物者信任，然后再一步步引诱购物者将钱“送”出去。让人疑惑的是这些不法分子是如何得到这些具体交易信息的呢？这也是令人毛骨悚然的一种黑色产业，在看不见的地下产业链中有许多专门的信息交易活动。

2）虚假中奖

这种诈骗方式依然是利用人们的侥幸心理以及贪小便宜的心理，通过短信、电话、邮件、社交平台等多种渠道发送虚假中奖信息，以收取手续费、保证金、邮资和税费为由骗取钱财。

3）网游交易诈骗

网游交易这个市场被人称为“遍布黄金和陷阱的灰色地带”，游戏中的虚拟装备会花费玩家大量的金钱和时间，当进行大额交易的时候如果上当受骗，损失相当大。网游诈骗的方式多种多样：诈骗人员冒充其他玩家，利用玩家之间的信任骗取一些资金或者装备道具；冒充成异性角色，利用人性进行诈骗；冒充成游戏运营商，发送钓鱼网站或者木马网站进行诈骗；游戏代练诈骗，诈骗人员利用玩家贪图便宜和省事的心理，以低价销售各种游戏金币和装备的名义进行诈骗；发布钓鱼网站，诈骗人员在各种玩家交流的平台发布一些伪装后的钓鱼网站进行诈骗；诈骗人员也可能打着出售游戏账号的旗号进行非法诈骗活动。

不法分子利用新兴网络交易手段设计出一些诈骗手段，同时也利用窃取的个人信息，升级了原来的电话短信诈骗方式。虽然诈骗手段不断翻新，诈骗方式多样，用户只有保持警醒才能防止被骗。此外，如果上当受骗，可求助于法律，力争将损失降低到最小。

13.4　互联网的规制

13.4.1　互联网的政府化规制

在互联网发展的初期，有些人对其抱有许多玫瑰色的幻想，以为互联网能带来一个无须规制的新世界，但后来随着互联网的发展而日益暴露出来的各种社会问题已经彻底粉碎了这种幻想。仅仅依靠网络参与者的个人自律难以保障网络世界的安全和良性运作，和现实世界的无政府状态一样，“网络无政府”状态会导致弱肉强食的“丛林生存现象”出现。虚拟世界与现实物理世界同样需要规制，对此人们已逐渐达成共识。但是互联网具有高度的技术性、动态性、国际性和融合性，它的发展更是日新月异，因此其对于自由有着特别的需求。把互联网作为生机勃勃的社交平台和经济发展的动力引擎，在保障公共秩序、安全和福祉的同时，又能维护互联网的自由创新精神。但是，建构互联网的法律规制机制在目前还没有太多的成熟经验或先例可循。本章聚焦于互联网的规制体制问题，其核心是政府和行业组织在互联网规制建构中的角色地位与职能分配。

1. 政府化规制的利弊

规制经济学起始于 19 世纪的末期，诞生于市场经济的美国，政府作为市场经济的重要参与者对市场失灵带来的问题进行治理。一般来说，政府化规制指的是政府为维护和达到特定的公共利益所进行的管理和制约。李洪雷（2014）总结出政府化规制相较于行业自我规制具有的一些优势：首先，政府化规制相对组织自我规制而言，其代表性和民主正当性程度更高。因为政府化规制关注的是社会公众的群体利益，而组织自我规制往往只关注组织内部的利益。其次，政府化规制通常具有更高的公开性和透明度。再者，政府化规制具有强制约束性，因此更容易协调解决群体的利益冲突。最后，政府具有高度的代表性和权威性，所以相较于行业团体，在全球化的竞争与合作中更有优势。

政府化规制是把双刃剑，在发挥其优势的同时不可避免地带来一些弊端。政府化规制的劣势主要体现在以下三个方面：第一，政府化规制财政支出大。第二，政府的运作体制会导致决策僵化、缓慢，灵活性不够，从而不能准确把握未来经济社会的发展趋势。第三，政府化规制在处理某些跨国性或全球性事务时会因为国家主权范围的限制而遇到一些障碍。

2. 国外互联网领域的政府化规制

目前，互联网运行和发展中的诸多问题对世界各国政府都构成了巨大压力。基于此，各国都在一定程度上对互联网进行了规制。欧盟较为全面地概括了互联网给政府带来的挑战，包括国家安全、经济安全、信息安全、对青年和儿童的保护、对人性尊严的保护、隐私保护、名誉保护、知识产权保护等。各国的政治体制、文化传统和经济社会不同，因此，各国对互联网规制的关注重点也不同。现列举部分国外政府对互联网的规制。

1）美国在互联网方面的政府化规制

根据王静静（2006）的总结，美国政府始终以一个推动者的角色参与互联网的规制，在互联网的建设和管理过程中一直持自由、非管制的态度。同时，美国政府还积极对资金和人员进行合理调配，以期能够为信息网络化发展创造一个良好的政策环境。美国政府结合本国国情，从联邦和州两个层次进行考虑，然后从立法层面出发采取机构设置和立法管理相结合的办法对互联网进行管控，其管理体系已经较为成熟。

对于互联网的管理，从联邦的层次上来看，立法、司法和行政三个体系相对独立，分别行使各自的权力。在立法方面，影响国家互联网政策制定的是最高立法机关——由参、众两院组成的国会，负责对互联网立法法案进行听证、辩论和表决。同时，国会也可通过一些非正式的方式，如控制预算、人事任命、立法威胁和公共舆论等来施加压力进而影响互联网政策的制定；在司法方面，美国最高法院、联邦审判法院和申诉法院组成了美国的联邦司法体系，它们拥有的权力包括对互联网管理机构进行监管并对这些机构之间发生的纠纷进行处理解决；在行政方面，联邦政府主要是通过司法部的反托拉斯局和商务部的国家电信与信息管理局这两个部门来对互联网行业进行管理。

从州的层次上来看，互联网的管理在各州所处法律环境及其所属的管理体制大相径庭。有的州是把包括互联网在内的电信行业作为一般公共设施来进行管理，而有的州则专门制定本州的电信法来管理互联网，如 1995 年的《密歇根电信法》。但是，各州自己的公用事业委员会只能管理自己州内的互联网事务，而互联网的业务范围一般不会只局限于一个州。所以，各州在管理其互联网事务时免不了要与联邦通信委员会等联邦层次的机构合作。而且，当发生分歧时，联邦政府享有管理优先权。美国的 50 个州均能因地制宜，对于互联网管理的某些重要问题，也制定了各自的法律法规。

2）德国在互联网方面的政府化规制

根据邢璐（2006）的研究，在西方众多的民主国家中，德国是第一个专门立法规制网络危害性言论的国家，也是第一个会因违法网络言论而对网络服务提供者进行行政归罪的国家。在德国的社会价值取向和权利自由保护方式的庇护下，其网络言论受到立法的严格规制。在此，主要介绍德国在互联网言论自由方面的政府化规制。

A. 德国互联网言论自由在宪法方面的规范

德国《基本法》构成德国宪政体系的基础，也是言论自由保护的基础。例如《基本法》第 5 条第 1 款中指出：“每个人都有表达及传播他们的观点的权利，通过书写或其他可视化方式可以通过被允许的途径获得信息而不受任何阻碍。”在德国，对于言论自由的限制，主要体现在立法规制和司法审查两方面。

B. 德国互联网言论自由在普通立法方面的规范

目前，德国规制网络言论自由的主要手段仍是普通立法。德国立法者通过了《信息和传播服务法》(Information Services and Communication Act，又称《多元媒体法》) 以阻止激进的网上宣传，这是欧洲第一个全面规制网络内容的立法。

C. 德国网络言论自由的保护方式

德国采取相对保障方式保护言论自由。而在网络言论自由的法律保护方面，德国则采取"宪法的直接保护和特别立法的保护与限制相结合"的方式。这种方式有如下一些特点。第一，宪法能够保障基本权利的直接效力，并且可以通过将网络言论自由纳入到言论自由范围内的方式进行保护。同时，宪法能够对网络言论自由进行单独立法以具体化地规制网络言论自由。第二，以单独立法的方式对网络言论自由进行保护，一方面可以将言论自由符合时代发展要求这一内在逻辑扩大到网络言论自由范围；另一方面又给网络言论自由加上特别立法规制的枷锁。第三，在司法实践中，法院可以使用普通法律处理网络言论自由纠纷，同时也允许限制网络言论自由的普通立法。

3）法国在互联网方面的政府化规制

根据江小平（2000）的研究，法国在互联网的政府化规制方面有如下实践。

A. 法国对互联网规制的"共同调控"

法国对互联网的管理经历了由最初的"调控"到"自动调控"，再到"共同调控"这三个时期。在最初的"调控"时期（20 世纪 70 年代），一直由政府完全统管互联网网络的规范和信息技术发展。随着互联网的迅速发展以及网络用户数量的激增，许多问题也接踵而至，法国政府领导人逐渐认识到，对互联网的管理和控制已经不能单纯地从国家的角度进行，采取循序渐进以及与网络技术开发商、服务商协商的做法已经迫在眉睫，即提倡"自动调控"。在 1999 年初，法国政府又提出"共同调控"的管理政策，建立的基础则是政府、网络技术开发商/服务商、用户三方频繁地协商对话。为使"共同调控"的管理政策能够真正发挥其作用，法国成立了名为"互联网国家顾问委员会"的机构，还拟定了《信息社会法案》。

B. 法国的《信息社会法案》

《信息社会法案》集中体现了法国是一个极其追求民主、自由和人权的国家。《信息社会法案》是一个综合性法案，其核心思想是：从法律上明确每个人的权利与责任，保证网上通信与交易的自由以及信息传播过程的安全可靠，进而使信息社会的民主化得以实现。其主要内容包括：第一，通信自由是互联网的基础，互联网管理要在保障网上通信自由的同时明确每个人的权利与责任。第二，加强对文学艺术作品数字化与知识产权的保护。第三，对互联网上的域名实行规范化管理。第四，提高电子商务的安全性和可靠性。

4）国外互联网政府化规制小结

综合学者们的研究，可以发现各国尤其是发达国家对互联网的政府化规制大致有如下特点。

其一，世界各国均未设立全方位规制网络空间的专门性政府机构。在各国政府看来，网络虚拟空间无法与现实物理世界完全割裂，所以不能仅仅依靠设立专门的政府机构来对网络空间进行全方位的规制。

其二，关于互联网物理设施的规制。在很多国家中，互联网是借由传统电信网络平台发展起来的，这一历史背景使得作为网络传输设施和平台管理者的电信规制部门在电信规制机构中发挥了重要的作用。然而针对是否应当由电信规制机构规制互联网这一问题，仍然存在一些争议。

其三，关于互联网基础结构的规制。这一部分的规制目前主要由非政府机构负责，但是很多国家与国际组织对于这种做法都已经发出了不满的声音，它们渴望有更多机会参与这一过程，尤其是在国际域名与地址的分配方面，这种渴望更为迫切。

其四，关于互联网内容的规制。各国对于互联网内容的规制因其在政治、经济、文化等背景上存在的差异而有所不同。在英国等一些国家没有明确规定互联网内容规制的管辖权主体，而大部分国家则将互联网内容规制的职能交由广播电视规制机构，如新加坡、澳大利亚等。但这并不代表着对互联网的规制采取与广播电视规制相同的方式，实际上对互联网的规制采取的是更加节制的方法，以符合互联网开放性和即时性等特征，同时避免阻碍互联网的发展。

13.4.2 互联网的非政府化规制——自我规制

锡拉丘兹大学（Syracuse University）信息学院教授米尔顿·米勒表示，现阶段，之所以许多来自私营部门和公民社会的非国家实体能够在当代互联网的相关政策制定和执行过程中发挥核心作用，是因为其达成了一个共识，即互联网应该尽可能地由用户和专家来管理，而不是由政界人士和政府负责管理。20世纪90年代，詹姆斯·柯兰（James Curran）在其《互联网的误读》一书中表达了这样一种态度，互联网的确是推动政治经济发展的重要因素之一，但不是决定性因素。和以前的技术一样，互联网的使用、控制、发展历史离不开特定环境的影响。总的来说，虽然国家会充分配置公共干预的手段，以服务大众，但互联网更多地还是要依靠自制。这表明，对一系列过去由国家承担的责任，政府其实很乐意将其外包给非政府组织。

1. 自我规制概念

不同行业、不同地区对于自我规制的定义是不同的，而且自我规制的含义会随着时间的变化而变化。李洪雷（2014）认为自我规制是指一个集体组织对其成员或者其他接受其权威的相关人员进行的约束和规范，即自我规制是由组织或者协会进行的规制。这种观点强调的是自我规制的集体性，认为集体治理过程是自我规制的本质。一般来讲，自我规制是一种涉及正式和非正式规则或标准以及规制过程的制度安排，涉及的规则、标准以及制度均由部分成员来制定，实施自我规制的目的就是规范组织内成员的行为。

2. 自我规制分类

自我规制的类型可以从不同角度进行划分。英国伦敦政治经济学院的布莱克教授根据自我规制体系中政府干预程度的多少，将自我规制划分为四种类型。一是委托型自我规制，这是指根据政府要求或者授权去规划、执行政府规定的框架。二是制裁型自我规制，这是指团体在政府批准下制定规则。三是强制型自我规制，这是指产业自己制定并实施规制政策，是对政府威胁做出的响应。四是自愿型自我规制，这是指不会受到来自政府直接或间接的干预。

3. 互联网自我规制的利弊

李洪雷在《论互联网的规制体制——在政府规制与自我规制之间》一文中总结了互联网自我规制的利弊。

1）自我规制的优势

第一，自我规制具有适应性。自我规制的主体不仅专业技术水平较高，还掌握了充足的组织内部知识和行业资料，这使得该领域中的一些难题能够通过自我规制得到有效的解决。

第二，自我规制推动更高行业标准的设立。自我规制的运作往往凭借的是伦理道德、同行压力或自愿性的行为准则，这有助于促进规范事项的广泛性。

第三，自我规制不会受到法律的过度约束。自我规制的主体是私人组织，无须恪守僵化的规则，拥有更大程度的自由度，对于经济社会的变化能够及时做出回应。

第四，自我规制的成本较低。相较于政府规制的成本需要由纳税人承担，自我规制的成本往往是由私人组织自身负责。

第五，自我规制是国家正式立法的一种途径。一旦为实施自我规制所制定的规则的有效性经过产业界的实践得到证明，这些规则很可能逐渐转变为国家的正式立法。

2）自我规制的劣势

第一，自我规制面临“规制者被规制利益所俘获”的风险。这是因为自我规制机构往往倾向于保护业内人员的利益而对业内人员行为的惩罚意愿较少。

第二，自我规制往往具有溢出效应或外部性。自我规制的影响不仅涉及本行业以及本行业人员，同时也会波及行业成员之外的人以及其他行业，由此其正当性有待考究。

第三，自我规制与分权的理念不符。自我规制结合了规则制定、解释、执行和裁决等多种职能，缺乏相应的程序公开制度和问责机制。

第四，自我规制强制约束性弱。自我规制机构属于私人组织，信服感较低，并且随着产业规模越来越庞大，所涉及企业越来越多，进行有效的规则执行也就更加困难。

4. 国外互联网领域的自我规制

在互联网领域里，自我规制相较于政府规制具有更明显的优势。一方面，政府规制一般受限于边界和地域管辖权，而互联网作为开放的世界性网络，是不受边界限制的，显而易见，不受地域管辖限制的自我规制更符合互联网开放性的特点。另一方面，在互联网行业里必须具备扎实的专业素养，而政府往往因缺乏足够的知识和信息而难以有针对性地对相关问题做出决策。尤其是随着互联网的快速发展，行业中的很多问题也一一出现，如网民利益的保护、竞争秩序、知识产权等。在这种情况下，协会等行业性的自我规制才能更好地解决问题。因此，在互联网领域，各国都对行业的自我规制十分重视。

美国在涉及互联网的很多方面都采用自我规制。例如，美国的互联网名称与数字地址分配机构（The Internet Corporation for Assigned Names and Numbers，ICANN）是一家成立于1998年的非营利性国际组织，总部位于美国加利福尼亚州，负责管理互联网域名管理系统，涉及域名、数字资源和协议分配三个部分，但美国国家电信和信息局对这个机构如何运行具有最终话语权。"斯诺登事件"等美国大范围监控互联网的事件爆发后，美国于2016年10月1日把互联网域名管理权正式移交给ICANN这些非政府组织，不仅是支持者心目中更为独立的、精英领导的规制路径的象征，更是互联网去中心化结构以及用户参与潜力的一种反应。起初，ICANN很受欢迎，更是被人们冠以"优质治理的潜在孵化器"的美名；但是后来该机构也遭到诟病，批评者指责它在透明和民主方面存在很多不足。这给我们带来的启示是：虽然存在一定的缺陷，但为了获得合法性，建立管理互联网的新机构比如 ICANN 还是很有必要的。在国际层面上，把互联网管理权移交非政府组织的行为的发展也始终贯穿着必要性原则。基于互联网不会消极被动地接受固定地理疆界的束缚，互联网非政府化规制有着不受传统国家规制体系约束的超国界的治理方式。它既包括以国家为基础的跨国组织，比如世界贸易组织（World Trade Organization，WTO）和世界知识产权组织（World Intellectual Property Organization，WIPO），又包括更多公民社会参与的组织，比如信息社会世界峰会（World Summit on the Information Society）、互联网治理论坛（Internet Governance Forum）。信息社会世界峰会曾于2003年和2005年先后两次探讨关于如何弥合数字鸿沟的问题。因此，互联网不仅催生了一个组织网络，还推动了"全球媒介的治理体系"的兴起。这个体系主要是由那些围绕联合国的跨国组织构成，但也不排斥其他组织。这个体系的建立，不仅弱化了国家政策架构的权力，还使得信息传播技术的空间重组得以实现。如今，众多来自私营部门和公民社会的非国家实体在当代信息政策的制定和执行中发挥着越来越重要的核心作用。

欧盟委员会的《视听媒体服务指令》明确表示提倡自我规制和共同规制，进而推进公共政策的实施。有学者指出，自我规制在传播产业里的吸引力之所以日益增加，至少有部分原因是新自由主义者为了追求自己的目标而向往规制比较宽松的环境。此外，有学者认为，在这个动态系统的语境中，非正式的处理过程对变化的适应性更强，因而也不容易抑制创新；同时，能理解和执行规章的不是法官或政界人士，而是企业家和软件工程师。这两个原因进一步证实自我规制对网络世界的适用性更强。不过，也有相关学者指出互联网的自我规制兴起还有另外的原因：个人的判断和责任。正是由于互联网是中性、自由、开放和无规制的商务活动的载体，所以在这一技术的使用过程中，个人的判断和责任的重要性不言而喻。

詹姆斯·柯兰在《互联网的误读》中对英国互联网的监管工作进行了介绍。在英国，互联网非法内容的监管工作不是由政府部门负责，而是靠一个产业赞助的机构，即网络观察基金会负责互联网规制。这个基金会由一批互联网服务商于1996年着手建立。西班牙也于2002年成立了互联网质量监管机构。此外，采取相似手段的还有美国，其于2001年依据"和自上而下的路径没有关系"的准则创建了互联网权利论坛。英国的网络观察基金会指出，在英国网络上可以看到大量的非法图像和网站，但由于英国相关法律仍然难以追究这些国外网站的责任，所以实行新的监管办法迫在眉睫。一方面，它督促国外的类似团体向网站所在国的政府施压，提高对这些非法活动的关注，另一方面，它投诉存在非法内容的英国互联网服务商，督促它们经常关注自己网上的非法内容，同时尽快删除不正当内容。这就是“知会和卸载”（inform and uninstall）政策。

同样，法国先后成立了“法国域名注册协会”“互联网监护会”“互联网用户协会”等互联网自我规制组织。这些组织在法国互联网非政府化规制方面发挥了极大作用，其规制内容涉及范围很广，包括网络广告、电子商务、网络色情、网络隐私权保护、电子游戏、过滤软件的准确性或其应用等方方面面。

13.4.3　政府规制与自我规制协同作用下的共同规制

考虑到互联网所涉范围的广泛性、复杂性和动态性等特征，互联网的规制问题不可能单纯通过政府规制来实现，同时，单纯依靠自我规制也存在很多缺陷与不足。因此，将自我规制与政府规制相结合，在其协同作用下产生的共同规制和共同治理将成为不错的选择。例如，法国的互联网“共同调控”政策。再比如英国，一直以来，英国在对互联网规制的处理中始终倾向于选择自我规制的方法，同时政府也发挥了一定作用。比如，1996 年成立的网络观察基金会就是一个对互联网的内容进行规制的自我规制机构，该网络基金会的基金主要是由网络服务提供商、移动开发制造商、信息内容提供商以及通信软件公司等私人公司提供。董事会由 12 人组成，其中 4 人是网络业主，而其余 8 人则是非网络人士。网络观察基金会的设立实质上是依靠英国政府的支持，其中英国贸工部扮演了关键角色。

互联网自我规制领域所涉及的利益群体太过广泛，以至于行业协会的设立背负着很大的群体困境，对于一些敏感问题不能有效规避。面对这一情况，结合李洪雷（2014）对政府规制的看法，笔者认为需要政府采取有效措施推动设立行业协会，并帮助其迈开发展的步伐。例如，政府可以释放这样的信号：“若你们不及时采取有效的措施，政府将进行全面干预。”当然，政府也可以制定相应的政策或者出台相关的法律法规，如此不仅能够在政策和立法上支持行业协会的发展，还有助于行业协会正规化，同时也会对行业协会的发展产生积极的激励作用。

13.5　互联网表达自由的法律规制与保护

鉴于表达自由的形式包括口头表达、书面表达以及利用电子等各种手段与设备，表达自由的内容是信息和意见，人们在互联网这类新媒体上也应当享有表达自由的权利，只要是合法的信息和言论，民众就都可以通过互联网表达和传播自己的观点、想法与意见。互联网由于开放、多元、即时、互动的技术和环境优势，自然而然地成为最受民众欢迎、民众最倾向于选择的意见交流平台，互联网表达方式的方便性和高效性也受到人们的青睐。但是，事物总有两面性，对互联网我们也应该辩证地看待。互联网也存在许多负面影响，许多不当甚至违法的表达在网络上不断出现，并通过网络瞬间扩散、广泛传播，结果其影响力在转发和评论中成倍放大，进而损害公民权益、破坏政府公信力、扰乱社会秩序、引发公众恐慌等。因此，即使在互联网上有广阔的表达空间，但这并不代表可以毫无节制，言论表达自由应当被限制在一定的法律范畴之内才较为妥善。以“关闭评论”为例，对于广大网民来说，鉴于他们的行为可能并没有逾越法律，所以他们应该拥有理性围观、热情发声的表达自由，“评论”作为表达自由的渠道，也不该那么轻率地被“关闭”；而对于个别谣言制造者来说，由于他们以虚假伪造的事实误导公众，其行为超出了法律允许的范围，所以应该限定其表达自由并对其进行惩罚。

胡颖在《中国互联网表达自由的法律规制与保护》一文中，对互联网表达自由以及法律规制与保护的必要性、中国现有互联网表达自由的法律规制与保护、对互联网表达自由进行法律规制与保护的对策等议题进行了详尽的阐述。笔者结合胡颖的观点，对上述问题作了如下的总结与思考。

1. 互联网表达自由以及法律规制与保护的必要性

在互联网技术与环境开放性的前提下，人们能自由地在网络上表达自己的观点。但“自由”并不意味着网民在网络环境中的言论可以不受约束，而是法律监管下的相对自由。

在公民层面，法律强调个体权利与义务的平衡统一。世界上不存在绝对的表达自由，而要想保证表达自由权利的真实有效，必须伴随着相应的责任与义务。联合国《公民权利和政治权利国际公约》第十九条第三款对表达自由进行了要求：①尊重他人的权利或者名誉；②保障国家安全或者公共秩序，或者公共卫生或道德。还有其他的一些国际人权公约，如《欧洲人权宣言》《美洲人权宣言》等也做出了适当的限制。

在社会层面，法律支持公民之间是不分等级的，任何人都享有平等的权利，若出现因个人私欲而去损害他人权利的行为将会受到法律的处罚。诸如“皮革奶粉”[①]“抢盐风波”[②]等通过虚假、夸张的表述，引发了公众的恐慌，从而导致了社会公共秩序的混乱，甚至危及国家安全，可想而知，相关人员最后都受到了严厉的处罚。除此以外，若一味地放任公民的表达自由，可能会造成“沉寂化效应”，即某些弱势群体没有机会为自己发声。因此，法律应明确地为互联网上的表达自由设置界限，还要把控好限制的“度”，因为历史表明，过多的限制与放纵自由一样有害。

在国家层面，行政机构与职能部门的支持是实现公民互联网表达自由权的保护罩；同时，表达自由是个人权利和集体权利的统一，它不仅仅可以被个人拥有和使用，还能为人们提供在公共场所进行随心所欲的交流机会。因此，再次强调不能一味地对互联网表达自由进行限制，还要重视对它的保护，要呼吁公众将表达自由与集体利益相结合，

① 皮革奶，就是通过添加皮革水解蛋白从而提高牛奶含氮量，达到提高其蛋白质含量检测指标的牛奶。这种皮革水解蛋白中含有严重超标的重金属等有害物质，致使牛奶有毒有害，严重危害消费者的身体健康甚至生命安全。

② 日本于2011年陷入核泄漏的危机，但由于网络造谣，核辐射会污染海盐，以及吃盐可以防止辐射等虚假信息导致中国陷入一场疯狂且短暂的抢购食盐“盛况”。

从而促进互联网产业的健康有序发展。

2. 中国现有互联网表达自由的法律规制与保护

在中国现行法律、法规和相关政策中，与互联网上表达自由的规制与保护有关的规定分为两部分。一部分是以《中华人民共和国宪法》(简称《宪法》)、《中华人民共和国刑法》(简称《刑法》)、《中华人民共和国民法典》等基本法为主体的对于表达自由的一般规定，其中《宪法》第三十五条是我国对表达自由予以法律保护的核心条款。另一部分则是针对网络在技术和环境等方面的特殊性，从而对互联网上表达自由所做出的特殊要求。因此从 1989 年至今，中国根据《宪法》和《刑法》等基本法的基本精神，先后又制定了多部法律来规制和保护互联网上的信息表达，例如 2000 年颁布的《互联网信息服务管理办法》，2005 年发布的《互联网新闻信息服务管理规定》等。此外，还有一些行业自律协会也对互联网表达自由的保护做出了相关规制，例如，由中国互联网协会、互联网新闻信息服务工作委员会制定的《互联网站禁止传播淫秽、色情等不良信息自律规范》等。

目前，中国对于互联网表达自由的管理依据通常参照第二部分的具体法规。例如在“皮革奶粉”“抢盐风波”等网络谣言事件中，国家主要就是以《维护互联网安全的决定》《互联网信息服务管理办法》以及《互联网站从事登载新闻业务管理暂行规定》中的相关条例，对那些在网络上散布谣言的网民以及疏于管理致使网上谣言疯狂传播，并因此造成恶劣社会影响的相关网站进行惩处。

3. 对互联网表达自由进行法律规制与保护的对策

纵观我国与互联网表达自由相关的法律法规，具体内容还有亟待完善的地方。

首先，应准确、一致地界定何为互联网表达自由。若想要有效落实对表达自由的保障工作，就不能过于模糊和泛化法律法规对互联网表达自由的定义。其他国家的宪法，例如《公民权利和政治权利国际公约》《欧洲人权公约》以及《美洲人权公约》都对表达自由的内涵做出了更加明确的规定。我国在立法过程中，同样应该详细界定表达自由的含义，制定具体的限定原则和范围，并在各类法律法规中做出统一的表述，在理论上保证表达自由的合理性和可行性。

其次，针对互联网开放性的特征，加强对表达自由的合理保护。在保护公民互联网表达自由时，立法机关不仅要维护网民的合法权益，还要重视对网络环境的净化以及对国家安全和集体利益的维护。不能一味地保护表达自由，还要对其进行适当的限制，并且应考虑到各方的权责对等，同时也要遵循限制措施与限制效果相适应的原则，防止出现过度限制的状况。

最后，立足于我国现实国情，积极学习国外相关法律法规的成功经验。关于互联网表达自由的法律规制，一些重要国际文件都值得我国学习借鉴。其中，德国是世界上最早制定网络成文法的国家，其宪法将表达自由分为陈述事实和表达见解这两类，并对其采取不同的保护标准。而美国与德国相反，主要以行业自律为主，通过行业进行自我管理与规范，取代单纯的立法模式保护。此外，新加坡也提倡“妥协”，即减少过度的限制，实现公众参与式治理（蔡文之，2011）。我国为了与世界接轨，也积极主动地通过各种形式与各国专家就互联网表达自由的问题进行探讨。例如，2005年6月，我国主办了“中欧第十三次人权对话研讨会：表达自由”。随着我国与各个国家间的交流活动日益增多，我们可以预见，我国一定能制定出适合我国具体国情的互联网表达自由法规，从而推动我国互联网表达自由的重要制度和法律保障的建立和健全。

参 考 文 献

蔡文之. 2011. 网络传播革命：权力与规制. 上海：上海人民出版社.

侯林. 2015. 互联网数据泄露背后的黑色产业链及发展趋势分析. 无线互联科技，(20)：35-37.

胡颖. 2012. 中国互联网表达自由的法律规制与保护. 国际新闻界，34(9)：19-25.

江小平. 2000. 法国对互联网的调控与管理. 国外社会科学，(5)：47-49.

柯兰 J，芬顿 N，弗里德曼 D. 2014. 互联网的误读. 何道宽译. 北京：中国人民大学出版社.

昆剑. 2015. 网络“维权斗士”周禄宝因敲诈勒索被判刑5年. 中华人民共和国国家互联网信息办公室. http://www.cac.gov.cn/2015-09/08/c_1116499689.htm[2015-09-08].

李洪雷. 2014. 论互联网的规制体制——在政府规制与自我规制之间. 环球法律评论，36(1)：118-133.

李明伟. 2009. 论搜索引擎竞价排名的广告属性及其法律规范. 新闻与传播研究，16(6)：95-100，108-109.

刘品新. 2015. 网络安全立法走向何方. 中国信息安全，(8)：75-77.

鲁维，胡山. 2009. 我国移动互联网业务发展现状及趋势分析. 电信技术，(5)：29-31.

汪晓方. 2006. 我国网络法律问题的现状研究. 科教文汇，1：173-174.

王静静. 2006. 美国网络立法的现状及特点. 传媒，(7)：71-73.

王丽萍. 2005. 中国要寻求建立网络经济的新规则. 吉林省经济管理干部学院学报，(3)：68-71.

王蕊. 2014. 网络诈骗层出，在线金融安全如何保护？. 计算机与网络，(19)：53.

王新. 2008. 网络黑色产业链问题成因及对策. 商场现代化，(12)：276-277.

温朝霞. 2001. 互联网的特性及其对国际政治关系的影响. 探求，(6)：40-42.

邢璐. 2006. 德国网络言论自由保护与立法规制及其对我国的启示. 德国研究，(3)：34-38，79.

俞可平. 1997. 现代化进程中的民粹主义. 战略与管理，(1)：88-96.

曾白凌. 2009. 网络政治表达的法律规制——兼论网络政治表达中的匿名权. 北京：中共中央党校.

张歌，杨波. 2016. 网络诈骗为何会屡屡得逞？. http://mobile.people.com.cn/n1/2016/0322/c183008-28217446.html[2016-03-22].

张再云，魏刚. 2003. 网络匿名性问题初探. 中国青年研究，(12)：12-15.

周廷勇. 2014. 当前网络新闻敲诈和假新闻乱象治理思考. 新闻研究导刊，5(5)：10，30.